KB267036

# 전력화지원요소

## 이론과 실제

# 전력화지원요소

## 이론과 실제

김영기 지음

KSi 한국학술정보㈜

# 추천사

　앞으로 '저강도'(low-intensity)에서 '고강도'(high-intensity)전쟁에 이르기까지 군사작전의 과정과 결과는 점차적으로 분산된 부대가 자료를 공유함으로써 협력하는 것을 가능케 하는 네트워크(networks)에 의해 형성될 것이다. 네트워크는 '정보력'(information power)을 '군사력'(military power)으로 전환하는 핵심요소다. 네트워크는 '정보공유'(information-sharing)를, 정보공유는 '공유된 인식'(shared awareness)을, 공유된 인식은 '협력'(collaboration)과 '속도'(speed)를 가능케 하는 요인이다.

　현재 미국은 지구상의 그 어떤 국가도 따라올 수 없을 정도의 국방재원과 기술력으로, 네트워크화된 전쟁수행방식, 즉 'NCW(Network-Centric Warfare)를 선도하고 있다. NCW는 아군(육/해/공군)을 '네트워크'(net-work)로 연결, 적의 움직임을 실시간으로 파악, 단 한 번의 정확하고 신속한 공격으로 승리를 거두는 전쟁으로, 이것을 가능케 하는 핵심이 바로 C4ISR(지휘·command, 통제·control, 통신·communication, 컴퓨터·computer, 정보·intelligence, 감시·surveillance, 정찰·reconnaissance)이다. 정보·감시·정찰(ISR=hunter)+지휘통제(C4I=decider)+정밀유도무기(PGMs=killer)를 연동시키는 복합체계(system of systems) 구축, 즉 네트워크화 시 전투력 및 전쟁수행속도가 대폭 증가하게 되는 것이다.

　이 때문에, 최근 우리 육군도 '국방개혁 2020'을 추진해 나가면서 미래 지상전 수행개념으로 '네트워크기반 동시·통합전'을 제시하고 있다. 그런데 NCW를 효과적으로 수행하기 위한 무기체계 및 장비는 갈

6

수록 첨단화되고, 복잡해져 가고 있다. 이 때문에 첨단 무기체계 및 장비에 대한 효율적인 정비소요의 중요성이 대폭 증대되고 있는 실정에 있다. 그럼에도 불구하고, 아직까지 우리 군은 무기체계를 소요·획득하는 데에 더 많은 정책적 우선순위를 두고, 야전 배치된 장비가 충분한 전력발휘를 하는 데 도움을 주는 전력화지원요소의 발전에 대해서는 다소 소홀히 하는 경향을 보이고 있다.

바로 이러한 이유 때문에 김영기 소령(학군 30기)은 한남대 국방전략대학원 국방획득관리학과에 재학 중 현재 우리 육군의 무기체계 전력화지원요소의 획득관리규정, 조직 및 문서, 업무절차에 대한 개선소요를 합리적으로 판단하는 데 필요한 대안을 마련하는 작업을 시도한 것이다.

김 소령은 본서에서 미국의 무기체계 전력화지원요소 업무분석을 통해 드러난 연구결과를 하나의 '이상형 모델'(ideal-type model)로 상정, 이를 토대로 우리 육군의 무기체계 전력화지원요소 업무 실태를 분석하고, 규정적 측면, 문서적·조직적 측면, 업무절차적 측면에서 정책적실성이 높은 대안들을 제시하고 있다. 이를 구체적으로 살펴보면 다음과 같다.

첫째, 규정측면이다. 현 국방전력발전업무규정에 전력화지원요소에 관련된 교리, 편성, 교육훈련 등에 대한 명확하고 구체적인 지침이 없어 획득사업추진 시 교리, 편성, 교육훈련 요소를 간과하는 문제가 발생하고 있다는 점을 지적하면서, 앞으로 획득사업추진 시 요구되는 교리, 편성, 교육훈련 분야의 요건 등을 국방전력발전업무규정에 명시하여 소요제기 및 시험평가 시 누락되지 않도록 보완할 필요가 있음을 주장하고 있다.

둘째, 문서 및 조직측면이다. 소요제기 및 시험평가 관련 문서도 전력화지원요소에 대한 분석, 그리고 소요제기 및 시험평가 시 과학적 기법을 적용할 수 있는 기반체계 구축(예: 전문인FUR, 전투실험모델)도 미흡함을 동시에 지적하면서, 이를 보완할 수 있는 제도적 장치를 빠른 시일 내에 갖출 것을 촉구하고 있다.

셋째, 업무절차 측면이다. 주장비 및 전력화지원요소에 대한 소요제기 및 결정, 그리고 시험평가 과정에서 과학적 기법의 적용이 미흡하다는 점을 지적하고 있다. 따라서 이를 보완하기 위한 대안 가운데 하나로 전투실험 및 모의분석기법 등을 적용하여 소요제기 및 결정을 검증할 수 있도록 제도적 장치를 마련할 것을 주장하고 있다.

우리 군의 전력화지원요소 업무실태 분석을 통해 드러난 위의 세 가지 문제를 해결하는 데 필요한 대안들을 제시하는 이유에 대해 김 소령은 다음과 같이 주장하고 있다. "사실 무기체계 전력화지원요소는 별개의 요소가 아니라, 주장비 개발 시 병행되어 개발되고 발전되어야 할 핵심요소이다. 주장비 및 전력화지원요소가 연관성을 가지고 상호능력을 발휘할 때 궁극적으로 무기체계의 전력화가 보장되기 때문이다."

무기체계의 '전력화 개념정의'(군 가용자원을 전투력을 전환하는 과정으로, 주장비와 관련된 지원요소-교리, 편성, 교육훈련, 종합군수지원-가 상호 유기적으로 운용될 때 효과적인 전투력 발휘가 가능하다는 논리)에 입각하여 제시된 참으로 통찰력이 있는 지적이 아닐 수 없다.

이런 원칙에 입각해 김 소령이 본서에서 제시하고 있는 대안들은 현재 우리 육군이 2020년을 목표로 「육군전력구조혁신기본(안)」을 추진하고 있는 상황이라 그 어느 때보다도 시의적절하고 정책적실성이 높은 대안으로 평가받을 수 있을 것이다. 김 소령처럼 미래 NCW 수행의 핵심자산인 '전투지혜'(battle-wise)를 갖춘 젊은 장교들을 보면, 가르치는 사람으로서 대단히 자랑스럽게 생각한다. 이런 명석한 젊은 장교를 제자로 두고 있다는 것만으로도 개인적으로 큰 영광이 아닐 수 없다.

본서의 저자인 김영기 소령은 학군 30기로 임관(1992)하여, 2사단 소대장 및 중대장직을 성공적으로 수행하였고, 이후 15사단 대대 작전 과장, 육군대학 '05-1기 정규과정 수료, 그리고 교육사 전력부 종합군 수지원처 군수지원분석 장교를 역임했다. 현재 우리 육군 내에서 '덕장'(德將)으로 명성이 자자한 황영수 소장(육사 32기, 전투발전단장) 이 이끄는 전투발전단 전력화지원관리과에서 군수지원분석장교로 복무를 하고 있다.

사실 김 소령이 바쁜 업무시간에도 불구하고, 대학원 과정을 다니면서 전력화지원 요소에 관한 연구를 할 수 있는 좋은 기회를 가질 수 있었던 것은 어찌 보면 전적으로 우리 육군을 다가올 변화에 유연하게 대응할 수 있는 '학습하는 조직'으로 탈바꿈시키기 위해 부단한 노력을 기울이고 있는 황영수 소장의 '지휘철학'에 힘입은 바가 크다고 할 수 있다(참고로 황영수 소장은 현재 전투발전단장으로 재직하면서 육군의 미래 지상전개념서, '네트워크기반 동시/통합전'을 총체적으로 입안·설계한 장본인이다). 군 생활 중 이처럼 훌륭한 지휘관을 만나, 연구할 기회를 얻게 된 것은 전적으로 김 소령의 축복이다. 앞으로 우리 육군에 김 소령처럼 자기분야에서 오랜 기간 동안 체득한 실무경험을 학문적 차원에서 이론화할 수 있을 정도의 전문능력을 갖춘 젊은 인재들이 많이 나오기를 기대한다.

한남대 국방전략대학원 국방획득관리학과 졸업생 가운데, 이경재 장군(방위사업청 기동전력사업부장(前))과 조원건 장군(공군작전사령관(現)) 두 사람이 졸업과 동시에 전력획득 분야의 책을 출판한 적이 있다. 그런데 이번 김 소령의 책은 획득된 전력을 지원하는 부분에 초점을 두고 있어, 비록 의도한 것은 아니었지만, 두 명의 장군들이 저술한 책과 김 소령의 책을 합치면 우리 군의 전력획득 및 지원에 관한 완벽한 참고서로 충분히 활용될 수 있을 것 같다.

다소 읽기에 난해한 전문서적이지만, 획득, 군수, 전력화지원요소 업무에 종사하는 인력들은 반드시 숙독할 필요가 있는 가치 있는 책이다. 일독을 권한다.

2007년 10월
김종하, Ph.D.(국방획득/방위산업 전공)
한남대학교 국방전략대학원 주임교수
국방기술품질원 이사
한국군사학회 이사
한국방위산업학회 이사

# 머리말

　바쁜 군 생활 중에 또 다른 나를 탄생시키기 위해 배움이란 기회를 주시고, 그동안 연구해 온 성과를 모아 작은 결실을 맺게 해 주신 하나님께 감사를 드립니다.

　처음 대학문을 들어설 때에는 군 생활과 학업을 동시에 잘 해낼 수 있을까 하는 망설임과 설렘이 많았지만, 돌이켜보면 학업의 길을 선택하기를 잘 했다고 생각하며 비록 힘든 과정이었지만 군인으로서 필요한 학문적 지식을 습득할 수 있었다는 데 스스로 자부심을 느끼게 되었습니다.

　나의 모습을 보시면서 한층 더 발자취를 느끼게 만드신 김종하 교수님의 모습을 보면서 나의 발자취가 나의 뒤를 따르는 사람들에게 어떻게 하면 좋은 모습을 보일 수 있을까 하는 생각을 가지게 되었던 것 같습니다. 부족하지만 여기까지 이끌어 주신 교수님께 감사드립니다. 교수님의 열정적인 가르침과 또 책으로 엮어내기 위한 혼신을 다하는 지도편달에 힘입어 이러한 결실을 맺을 수 있다고 생각합니다. 그리고 학문과 지혜를 일깨워 주신 함선필, 장진화 교수님께 감사드립니다.

　지난 2년 동안 배움을 같이했던 국방획득관리학과 원우회 여러분께 감사를 드리며, 특히 처음부터 끝까지 학업을 같이 하면서 많은 학문적 도움과 충고를 주신 조원건 장군님, 손민호 서기관님, 이봉수 중령님, 배영선 중령님, 오인택 중령님, 김재준 중령님, 김관형 소령, 최일중 소령, 현창욱 소령, 최석환 준위님께 감사를 드립니다. 특히 고교시

절부터 늘 함께 했던 함상훈 소령에게 감사를 드리며 앞날에 좋은 일만 가득하기를 기원합니다.

군 생활 중 전력화지원요소에 대한 업무지식 함양과 야간에 학업을 할 수 있도록 전폭적인 지원과 도움을 주신 전투발전단장이신 황영수 소장님과 전종순 대령님, 그리고 이명수 대령님께 진심으로 감사를 드립니다.

또한 전력화지원요소의 야전실사와 소요제안 점검표 작성에 도움을 많이 주신 교육사 전력부 ILS처에 근무하신 선배장교님들과 전투발전단 전력화지원관리과 모든 분들에게도 감사드립니다.

아울러 이 책을 발간할 수 있도록 물심양면으로 지원해 주신 채종준 사장님께 심심한 감사를 드립니다.

힘이 들고 어려울 때 많은 위로를 해주고 기도로 후원을 아끼지 않은 아내에게 감사드리며, 아빠가 군인이 아니고 학생인 것 같아 좋아하던 다흰, 준희, 태희의 모습을 기억하면서 앞으로도 항상 배우는 자세로 군 복무를 할 것입니다. 하늘에서 늘 지켜보시는 아버지와 홀로 계시는 어머니에게 자랑스러운 아들이 되도록 노력할 것을 다짐하며, 감사의 말씀을 드립니다.

이것이 마지막이 아니라 시작하는 기분으로 하나님 안에서의 자존감을 성취하기 위해 노력할 것을 다짐합니다.

2007년 10월

김 영 기

# 서 문

　다차원 전장영역, 네트워크(Network) 중심의 정밀 타격 및 효과 중심전으로 특징되는 미래 전쟁수행개념을 구현하기 위한 무기체계는 갈수록 복합화·지능화되어 가는 추세에 있다.[1] 첨단화된 무기체계가 전력을 발휘하기 위해서는 주 장비와 장비를 지원하는 제 요소(교리, 편성, 교육훈련, 종합군수지원)가 상호 유기적으로 제 기능을 발휘해야만 한다.

　우리 군의 경우 1960년대까지는 미군원에 의한 전투장비를 지원받아 전력화를 이루었고 1970년대 중반 이후부터는 국방 5개년 계획에 의거하여 소총, 박격포, 통신장비 및 지휘차량 등을 모방개발이나 기술도입생산을 통하여 전력화를 이루었다. 그러나 주 장비의 성능과 조기 전력화에 역점을 둔 획득이 주로 이루어짐으로써 전력화지원요소에 대한 부분의 중요성은 간과하였다.

　1980년대에는 전차와 대공유도무기체계와 같은 첨단기술이 요구되는

---

1) 효과중심전에 대해서는, Joint Warfighting Center, USJFCOM, Commander's Handbook, on an Effects-Based Approach to joint operations, draft version(Norfolk, VA: Joint Cencept Development and Experimentation Directorate, Forthcoming), Ⅲ-5,:
Donna Lucchese, The Relationship of Center of Gravity Analysis, Targeting for Effect, and Measuring Success(Carlisle Barracks, PA: U.S. Army War College, 1998), 7-8,:
Milan N. Vego, "Effect-Based Operations: A critique", Joint Forces Quarterly, issue41(2006)을 참조.

무기체계를 개발하면서 전력화지원요소의 하나인 '종합군수지원'(ILS)의 중요성에 대해 인식을 하였으나 그것을 주 장비가 야전에 배치한 이후에 별도의 사업으로 추진하여 전투력을 발휘하는 데 문제점이 발생하는 사례가 적지 않았다. 예를 들면 비호사업(30미리 자주대공포)은 국과연 주도로 국내에서 처음으로 독자 개발된 무기체계 연구개발 사업이다. 그러나 비호사업의 주 장비 개발이 착수된 1983년에는 종합군수지원요소 개발에 관한 관련규정이 미비하여 선행개발 시에는 종합군수지원 요소개발 예산획득이 불가능하였으며 당시 적용 중이던 국방부 훈령 제245호 무기체계 획득관리 규정('79. 2.8)을 개정한 이후에야 종합군수지원 요소 개발예산을 반영함으로써 선행개발 시에는 종합군수지원 요소개발을 착수하지 못하고 실용개발 단계에서야 종합군수지원 요소를 개발하여 적시적이고 정확한 종합군수지원 소요 반영이 미흡하게 되어 사업추진 시에 시간·비용의 추가소요는 물론이고 전력화 이후 운용 LS에도 막대한 영향을 미쳤다.[2]

1990년대 이후부터는 복잡하고 정밀해지며 첨단화된 고가의 무기체계를 군이 요구하여 주 장비 획득에 중점을 두고 업무가 추진되어 전력화지원요소(교리, 편성, 교육훈련, 종합군수지원)는 주 장비 사업과는 별도로 소요군의 필요에 의한 개발로 주 장비를 전력화 시 전력발휘가 제한되는 경우가 발생해 왔다.

예를 들어 K9 자주포의 경우 교리 분야에서 부대정비용(1~2계단) 교범 중 주유명령서, 승무원 점검표 등 사용자 정비(1계단) 교범의 인가가 누락되었으며 자주포가 '00년에 야전배치 시작되었으나 훈련 및 평가지침서는 '04년이 되어서야 지연 발간되어 야전 전술훈련평가가 제한되었다. 교육훈련 분야는 조종 시뮬레이터 및 사격훈련장비의 개

---

2) 종합군수학교, 「군수사례집(보충교재)」(1992), pp.121 -123.

14

발이 지연되어 교육훈련이 제한되었고 실물 교보재 또한 지연 보급되거나 일부가 누락되어 보급됨으로써 정비교육에 애로가 있었다. K9 자주포 실물 교보재(엔진 등 5종), 모형 교보재(연료계통로 등 4종) 등도 주 장비 전력화 5년 이후에야 보급되었다.[3] 종합군수지원은 K9 부대정비용 일반공구셀 구성품이 지연 보급되어 부대정비에 제한이 있었으며 사격계통의 설계가 기존 자주포와는 완전히 다른 K9 일반지원 정비인력이 근접정비반에 미편성되어 현장 위주 근접지원에 상당한 제한이 있었다. 또한 K9의 경우 CSP 외의 수리부속품 95%(6,582항목)가 미등록되어 필요시 야전청구가 곤란하고 신규 전력 장비의 규격을 고려하지 않고 기존의 K55 정비고 등을 활용하게 함으로써 작업공간이 협소하고 천정 크레인의 사용이 불가하여 작업효율이 저조하였을 뿐 아니라 전력화 장비의 신규적용 장치를 위한 정비용 시험장 소요를 반영하지 않는 등 여러 가지 ILS 요소가 누락되거나 지연되는 사례를 확인할 수 있었다.[4]

이러한 맥락에서 본 책의 목적은 무기체계 획득 시 전력화지원요소의 중요성을 고찰하고 전력화지원요소에 대한 요건과 선진국 중 무기체계 소요창출의 기준이 되는 미국의 소요제기 및 검증방법 절차를 분석하여 국내와의 차이짐을 분식, 무기체계 소요요청 시 전력화지원요소와 관련 규정, 조직 및 문서, 업무절차에 대한 개선사항을 도출하여 무기체계 전력화지원요소의 업무 개선방안을 제시하는 데 있다. 육군은 2020년을 목표로 '육군전력구조혁신기본(안)'을 추진하고 있기 때문에 본 연구의 전력화 지원업무에 관한 연구는 그 어느 때보다도 시기적절할 수 있을 것이다.

---

3) 육군본부, 「'06전력화 자원 업무발전 세미나」, p.51(2006).
4) 상계서, p.52.

본 책의 작성범위는 무기체계 획득관련 국방부, 합참, 육군을 중심으로 전력화지원요소에 대해 연구하였으며 무기체계 전력화지원요소 중 교리, 편성, 교육훈련, 종합군수지원 분야 위주로 실시하였다. 또한 종합군수지원 분야를 제외한 교리, 편성, 교육훈련은 다양한 분야에서도 무기체계 개발과 관련된 장비운용 및 정비교리, 편성, 교육훈련 분야로 한정하였다.

연구내용은 제1장에서는 무기체계 전력화지원요소에 대한 정의 및 소요제기 및 검증업무 절차 등 이론적인 내용에 대해 고찰하였고 제2장에서는 미국의 전력화지원요소 관련 업무 실태를 확인하였다. 제3장에서는 국내 전력화지원요소 관련 규정, 문서 및 조직, 업무절차에 대한 분석 및 국내 무기체계 전력화지원요소 사례를 통한 문제점을 분석하였으며 제4장에서는 무기체계 전력화지원요소 업무에 대한 발전방안에 대해 제시하였다.

본 책의 연구방법은 문헌연구와 사례연구, 전문가의 의견 수렴과 특히 최근 전력화된 신형장비의 전투발전 요소 및 종합군수지원 요소가 제대로 운용되고 있는지에 대한 야전실사 내용 분석을 병행하였으며 문헌연구는 지금까지 연구된 국내외의 보고서, 논문 등 관련 문헌을 분석하여 우리 실정에 맞는 전력화지원요소 관련 사항을 도출하였으며 사례연구는 최근 이루어진 소요제기 및 시험평가 관련사항을 조사하였으며 전력화지원요소 관련 실무자의 의견을 수렴 및 검증하였다.

# 차 례

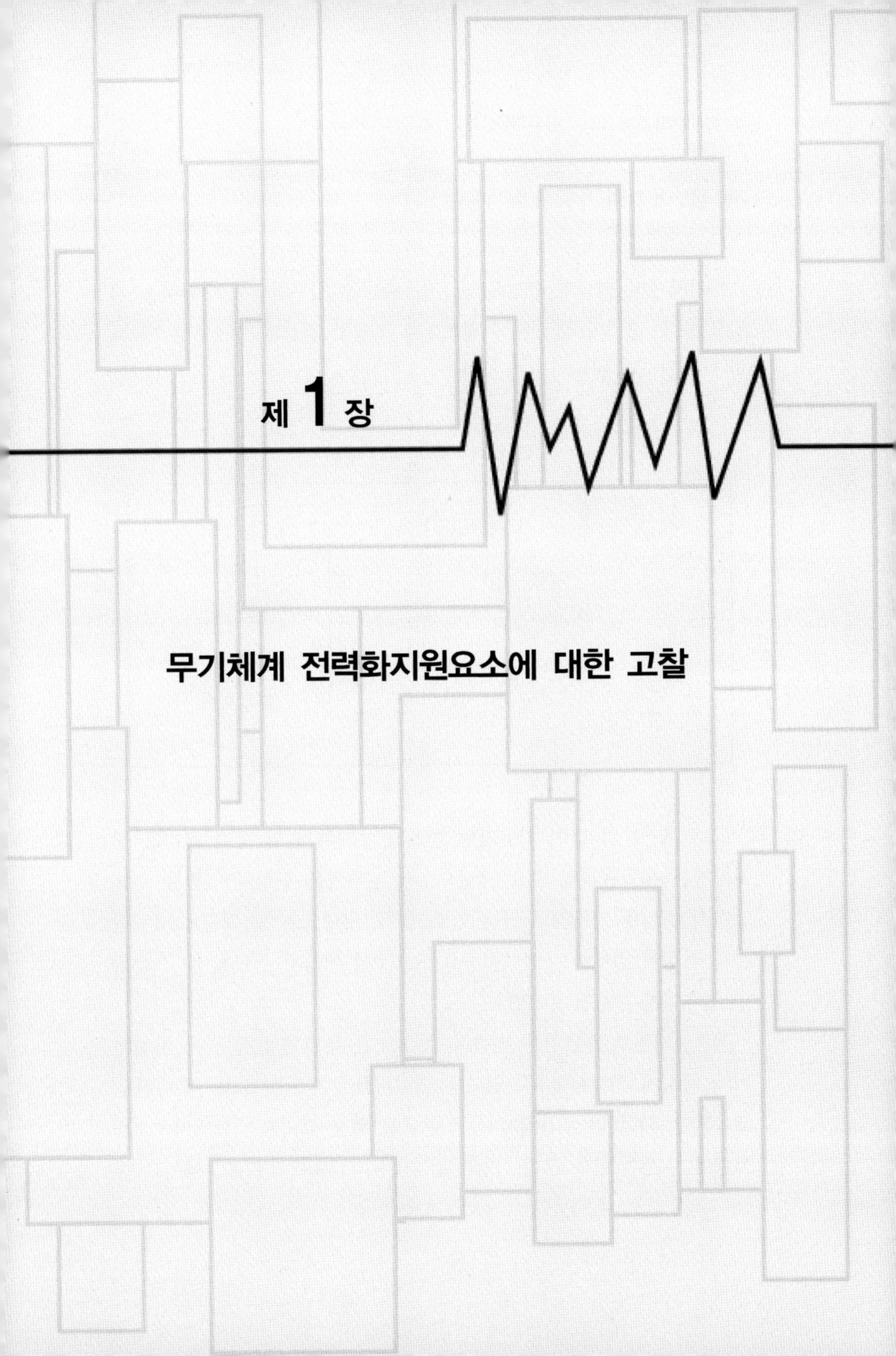


# 무기체계 전력화지원요소에 대한 고찰

## 제1절 전력화지원요소 개요

무기체계의 전력화 개념은 군 가용자원을 전투력으로 전환하는 과정으로 주 장비와 관련된 지원요소가 적절히 결합되어 운용될 때 효과적인 전투력 발휘가 가능하다.

〈그림 1-1〉 전력화 개념

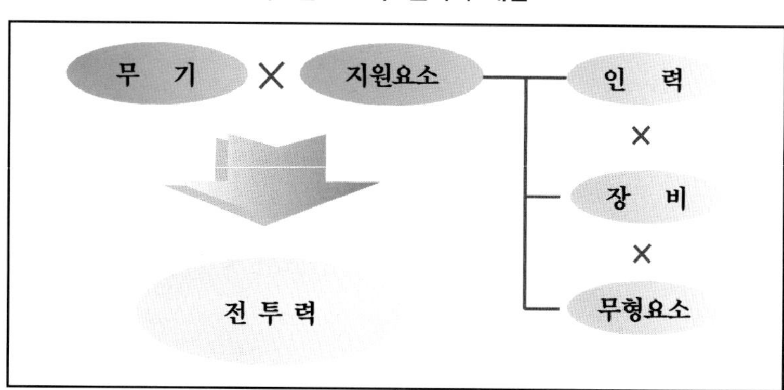


〈그림 1-1〉과 같이 가용자원 중에서 무기체계 및 장비 그리고 정보체계는 획득관리의 주요 대상으로서 전투력을 형성하고 있는 주요소이지만 이를 지원하고 있는 인력, 장비, 무형요소 등 지원요소는 전투력 형성에 없어서는 안 될 중요 요소로서 이들과 통합될 때 효과적인 전투력이 창출될 수 있다.

전력화지원요소라 함은 전력화지원요소란 무기체계 획득 시 야전배치와 동시에 전력화할 수 있도록 발전시켜야 할 군사교리, 부대편성, 교육훈련, 시설 및 무기체계 상호 운용을 위해 필요한 하드웨어·소프트웨어(주파수 확보 포함) 등의 전투발전지원요소[5]와 효율적이고 경제적인 군수지원 보장을 위한 종합군수지원요소를 말한다.

방위사업청과 소요군은 무기체계가 야전에 배치됨과 동시에 운영될 수 있도록 전력화지원요소의 획득 및 발전업무를 추진하는 역할을 담당하고 있다. 방위력개선사업 수행 시 방위사업청은 무기체계 획득에 따라 소요되는 시설, 무기체계의 상호 운용에 필요한 하드웨어·소프트웨어 및 종합군수지원요소를 무기체계와 같이 획득하고 소요군은 무기체계 획득에 따라 소요되는 군사교리, 부대편성 및 교육훈련 요소를 발전시키고 또 운용주파수를 확보한다.[6]

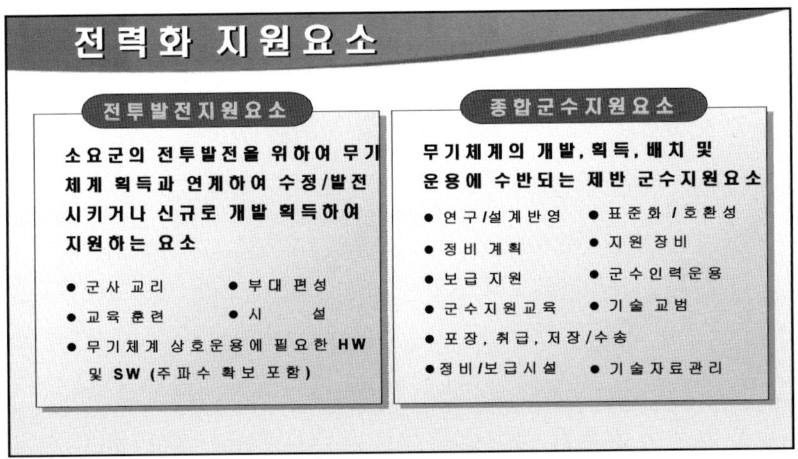

〈그림 1-2〉 전력화지원요소 구분



여기서는 교리, 편성, 교육훈련, 종합군수지원을 중심으로 세부 정의 및 분류를 알아보면 다음과 같다.

---

5) 전투발전지원요소는 소요군의 전투발전을 위하여 무기체계 획득과 연계하여 수정·발전시키거나 신규로 개발·획득하여 지원하는 요소를 의미한다. 방위사업청 훈령 제13호, 「방위력개선사업관리규정」(2006), p.39.
6) 상게서, pp.38-39.

## 1. 교 리

교리는 "국가목표를 달성하기 위한 군사(軍事)에 관한 일치된 견해로서 권위 있는 기관에 의해 공식적으로 승인된 군사력의 운용에 대한 기본원리"이며, 부대훈련, 작전계획수립, 작전수행 간에는 상황에 맞게 적용해야 한다[7]고 정의되어 있다.

교리는 국가의 기본 전승원리와 이를 위한 군사력의 건설, 유지, 운용, 배비 및 교육훈련에 관한 기본 방침으로서 장차전 양상에 부합되고 전투발전을 선도하여 잠재전력을 개발하는 데 필요한 교리와 가용전력을 극대화할 수 있으며 한국적 여건에 부합되도록 하여야 한다.

가용전투력의 운용효과를 극대화할 수 있도록 부대구조, 무기체계의 발전과 일치되며 현존전력의 극대화와 미래전력 창출을 위해 각국의 신교리와 전사를 연구 분석하여 상대적 우위의 교리를 창출해야 하며 동시에 상·하위 관련교범 및 기타 관계교범과 연계성을 유지해야 하는 특성을 지니고 있다.

군사교리는 '군사기본교리', '작전술교리', '전술교리' 및 '장비운용교리'로 분류할 수 있다. 군사기본교리는 군사전략 개념을 구현하기 위한 것으로 합동교리와 각 군 교리에 지침과 기준을 제공한다. 이는 군사교리 발전의 기초를 제공하는 것으로 군사작전에 대한 개념, 원칙, 기획과정과 제대별 역할을 제시한다. 작전술교리는 군사력의 '운용술(Operational Art)'로 전투력의 집중과 절약을 구사하여 군사전략 목표를 달성하는 '술(術)'을 의미한다.

전술교리는 전장 또는 전투에서 승리를 쟁취하기 위해 전투력을 운용하는 술(術)이다. 이것은 부대에 편성된 전투력이 최대한 발휘되도

---

7) 육군본부, "교리발전업무규정", 육군규정 385, (2006), p.3.

록 조직화하고 전투력이 극대화되도록 하는 데 있다. 장비운용교리는 협의의 교리 범주에 속하는 것으로 장비를 어떻게 운용하고 성능을 보장하도록 유지할 것인가 하는 것을 기술한 야전운용교범과 정비교범이 있다. 야전운용교범(FM)은 장비의 전술적 운용 및 장비단위 운용에 관한 것으로 주로 장비의 특성, 조작, 응급조치요령 및 장비의 운용 전 점검, 일일점검 등이 기술된다. 정비교범(TM)은 예방정비, 주간 및 월간 정비 및 수리, 주유명령서 등이 기술된다. 야전정비와 창정비 등에 관한 정비단계별 교범과 월, 분기, 연간 등 주기별 예방정비와 수리는 통상 전술제대급 이상 부대에 그 기능이 주어진다.

방위력 개선사업에서의 군사교리는 무기체계 획득에 따라 운용개념을 재정립하고 관련 교리·교범 등을 발전시키는 것으로 방위력 개선사업 수행 간 고려사항은 운용개념 정립, 중장기 교리발전 소요 판단, 관련 교리 문헌(교리, 교범, 교육회장, 교육참고 등) 발간 및 정비 등이 있으며 소요군은 방위력 개선사업 추진 간 획득 중인 무기체계의 관련 군사교리를 발전시켜야 하며 그에 따른 교리문헌을 발간하여야 한다. 또한 방위사업청은 획득 무기체계의 관련 교리문헌이 무기와 동시에 야전에 배치될 수 있도록 확인하여야 한다. 단, 연구개발 무기체계의 경우 전력화 평가 시까지 관련 교리 문헌을 개발하여 야전에 배치할 수 있다[8]고 규정화하고 있다.

## 2. 편 성

부대구조 편성이란 가용자원(정원, 장비, 예산)을 기초로 군사력 소요를 달성하기 위하여 지휘통제부대, 전투부대, 전투지원부대, 전투근

---

8) 방위사업청, 전게서, pp.38-39.

무지원부대, 학교 및 기타 부대로 구분, 전투력 발휘가 용이하도록 임무와 기능에 입각하여 지휘체제를 편성하는 것이다.[9]

부대구조 편성 시 고려사항은 적 전술 및 부대구조, 부대 운용개념 또는 임무 및 기능, 편성 지침 또는 개념(전·평시 구분), 외국군 유사 부대 구조에 대한 특징과 비교, 역사성, 가용병력(군인, 군무원 등), 제한여건(장비, 예산, 시설 등), 임무개시 일자 등을 고려한다. 부대의 세부구조는 임무와 기능을 효율적으로 수행할 수 있도록 인원 및 장비를 최소한으로 편성하며 지휘체제를 일원화하며 임무 및 기능을 고려, 중간지휘기구 편성을 지양하고 유사 기구는 통·폐합해서 편성한다.

방위력 개선사업에서의 부대편성은 무기체계 획득과 연계하여 부대의 부여된 임무, 기능 등을 수행하는 데 필요한 최적 인적소요를 판단하여 중기 부대계획에 반영하고 편제표를 작성 및 발간하는 것으로 방위력개선사업 간 고려요소는 부대 증창설·해체·감편소요, 병력(장비운용인력을 포함한다) 증감 소요, 편성구조 발전소요 등이며, 소요군은 부대편성 소요를 판단하여 중기부대계획에 반영하고 편제표를 작성·발간하고 방위사업청은 각 군의 부대편성 변동소요를 확인하여 방위력개선사업 수행 간 이를 반영한다[10]고 규정화하고 있다.

## 3. 교육훈련

교육훈련이란 임무수행에 적합한 지혜와 판단력을 함양하기 위하여 개인의 지능을 개발하는 교수 및 학습활동을 의미하는 교육과 개인 및 부대에 대하여 군사 전문기술을 가르쳐 이를 숙달시키기 위한 실

---

9) 육군본부, "정원관리 및 부대구조 발전규정", 육군규정 301,(2006), p.15.
10) 방위사업청, 전게서, p.39.

천적 활동을 의미한다.[11]  교육훈련은 부대훈련과 학교교육으로 구분되며 부대훈련은 학교교육을 통하여 습득된 군사 기본지식을 토대로 부대의 임무수행능력을 배양하기 위하여 실시하는 개인훈련과 집체훈련으로 구분한다. 집체훈련은 하나의 조직체 단위(팀, 분대, 소대 등)로 부여된 부대임무를 효과적으로 수행할 수 있도록 능력을 부여하기 위하여 실시하는 훈련을 말하며 장비위주집체훈련과 전술훈련으로 구분한다. 부대훈련은 임무에 기초를 둔 훈련, 책임제 분권화훈련, 성과위주 훈련, 제대별 동시훈련, 과제에 의한 훈련 및 전투임무위주 훈련 등으로 구분된다. 교육훈련은 임무를 효율적으로 완수할 수 있도록 전(평)시에 수행해야 할 부대별 임무 및 특성에 부합된 훈련과제를 도출하여 '싸우는 방법대로 훈련하고 훈련한 대로 싸운다'에 주안을 두고 어떻게 싸울 것인가에 대한 훈련 내용 및 방법을 전투모델로 구성하여 실시한다.

교육훈련은 부대임무를 분석하여 '작계상(Operational Plan)'의 전투임무수행 능력을 최우선적으로 숙달하여 상시 전투준비태세를 유지하는 데 두어야 한다. 학교교육은 전문교육과 보수교육으로 구분하며 전문교육은 병과별 전문 인력 양성에, 보수교육은 계급에 상응하는 부대관리 및 제대별 지휘능력과 참모업무 수행 능력 배양에 주안점을 둔다.

방위력 개선사업에서의 교육훈련은 무기체계 획득에 따른 교육훈련 기획소요를 판단하고 교육훈련을 위한 장비 및 교보재 등을 확보하는 것으로 방위력 개선사업 추진 간 고려요소는 교육훈련 기획소요 판단으로 교육훈련 제도 및 체계, 학교(개인) 교육훈련, 부대훈련(개인, 집체, 전투준비태세 훈련)등으로 세분화하고 교육훈련, 교보재 발전소요 확보로는 교육훈련용 장비(학교교육용, 부대교육훈련용), 교보재(CBT,

---

11) 육군본부, "부대훈련규정", 육군규정 315, (2006), p.6.

시뮬레이터, 시청각교보재, 각종 절개식 교보재) 등으로 구분하고 있다. 소요군은 교육훈련 소요를 판단하고 교육훈련에 필요한 장비 및 교보재를 확보하여야 한다. 필요시 교육훈련용 장비 및 교보재는 방위사업청이 획득할 수 있으며 특히 방위사업청은 각 군의 교육훈련 계획 및 장비·교보재 확보 여부를 확인하여야 하며 필요시 각 군에 예산을 지원할 수 있다[12]고 규정화하고 있다.

## 4. 종합군수지원

### 가. 종합군수지원 정의

종합군수지원(ILS: Integrated Logistics Support)이란 장비의 효율적이고 경제적인 군수지원을 보장하기 위하여 무기체계의 소요기획 단계부터 설계·개발·획득·운영 및 폐기 시까지 전 과정에 걸쳐 제반 군수지원요소를 종합적으로 관리하는 활동을 의미한다.[13] 종합군수지원 활동의 구분은 성능유지, 경제적 군수지원, 종합관리로 구분할 수 있으며 그 내용은 다음과 같다.

### (1) 성능유지(군수지원의 효과성 보장)

성능유지는 무기체계에 부여된 성능을 지속적으로 실현할 수 있도록 보장하는 것으로 이를 위해서는 장비의 불가동 시간을 감소시켜 가동시간을 증가시켜야 한다. 즉 주 장비 획득(개발) 시에 고장빈도, 정비시간을 최소화 반영하고 장비운용에 필요한 군수지원 소요를 확충하여야 한다.

---

12) 방위사업청 전게서, p.39.
13) 방위사업청, 전게서, p.240.

## (2) 경제적 군수지원(군수지원의 경제성 보장)

경제적 군수지원을 하기 위해서는 수명주기 비용 특히 경상운영비를 최소화하여야 한다. 특히 주 장비 획득 시 군수지원 소요를 최소화하여 반영하고 장비 운용 시 군수지원요소를 최소로 유지하여야 한다.

여기에서 '종합'이란 무기체계의 설계·개발·획득 과정에서 제반 군수지원업무를 주 장비 획득 과정과 동시에 이루어지도록 관리함으로써 군수지원성을 보장하는 것을 의미한다.

종합군수지원은 주 장비에 요구되는 군수지원 소요를 정립하고 이를 개발·획득하고, 주 장비, 부수장비 및 부품의 표준화와 호환성을 유지하고 가급적 현행 군수지원체제를 활용할 수 있도록 개발하여 운용유지비를 최소화할 수 있도록 함으로써 경제적인 군수지원이 보장되도록 하여야 한다. 또한 야전배치 시 제공된 개발제원을 운용기간 중 경험제원을 수집, 분석하여 최신 제원으로 정립하고 국과연 및 주계약업체에 환류시켜 차기 무기체계 개발에 활용하도록 하는 것이다.

<그림 1-3> 종합군수지원요소 순환체계

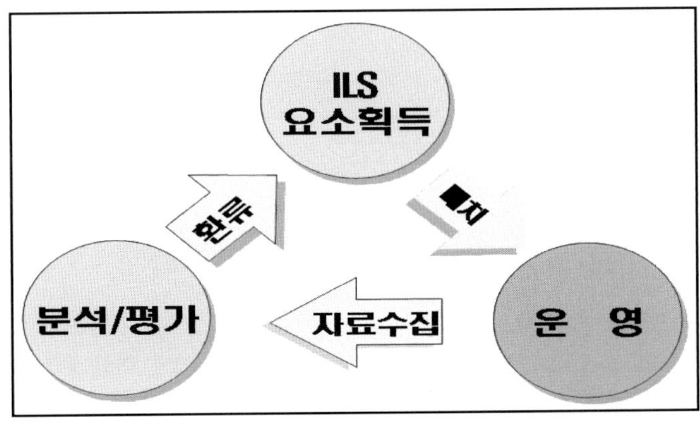


출처: 국방대, 「국방사업관리과정: 종합군수지원과정」, (2006), p.15.

## 나. 종합군수지원요소

종합군수지원요소는 무기체계의 수명주기 간 주 장비를 효과적, 경제적으로 운용 유지할 수 있도록 군수지원을 보장해 주는 제반사항이다. 전통적인 무기체계 획득주기(Life-Cycle)의 맨 앞에 획득관련활동이 있다면 획득주기(Life-Cycle)의 맨 뒤에 유지관련활동(Sustainment-Related Activities)이 있다고 믿는 경향이 있어 왔지만[14] 종합군수지원은 무기체계 수명주기 간 소요제기에서부터 폐기처분에 이르기까지 지속적인 활동이 요구되며 특히 탐색개발에서 체계개발 단계까지의 활동은 수명주기비용에 결정적인 영향을 미치게 된다.[15]

〈그림 1-4〉 무기체계 수명주기비용 확정 시기

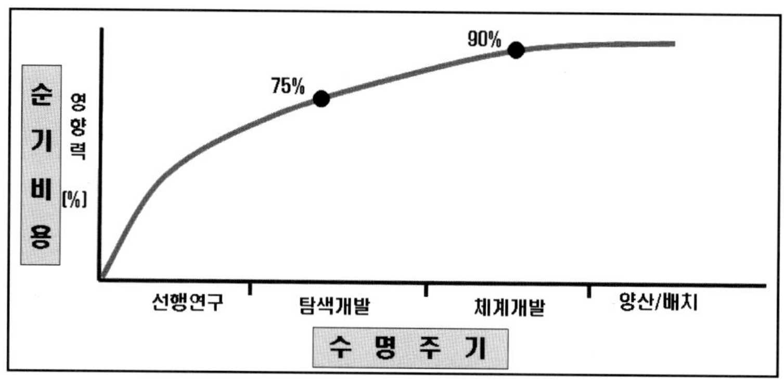


출처: 육군종합군수학교, 「종합군수지원」(대전: 육군종합군수학교, 2005), p.7.

---

14) Hank J. Devries, "*performance-Based Logistics: Barriers and Enablers to Effective implementation*", Defense Acquisition Review Journal, vol.1, No.3 (December 2004-March 2005), p.243.

15) 무기체계 수명주기비용은 무기체계 개발 초기단계인 탐색개발 및 체계개발 단계의 주 장비 설계에 따른 군수지원비용에 의해 주로 결정되는데 만약 이 시기를 지나 초도생산이나 후속 양산기간 중에 주 장비 설계를 변경하고자 할 경우에는 많은 노력과 비용이 소요된다.

우리 군의 종합군수지원요소는 1983년 미 육군의 종합군수지원요소를 모방, 9개 요소로 설정한 이래 1992년 규정 개정 시 13개 요소로 수정하였다가 1994년 규정개정 시 11대 요소로 수정하였으며 1997년 이후 2005년까지 11대 요소로 확정하였다. 2006년 방위사업청이 개청되면서 국방전력업무 관리 규정이 제정되면서 종합군수지원 11대 요소의 명칭이 변경되었다.

이러한 종합군수지원요소는 종합군수지원을 적용하여 발전시키거나 획득하려고 하는 주요 대상이자 업무중점을 나타내는 것이므로 국가 간, 군 간에 서로 상이하게 적용할 수 있다.

따라서 종합군수지원요소가 서로 상이한 것은 별로 중요하지 않으며 단지 임무수행과정에서 어떤 분야에 비중을 두느냐 하는 데 그 의미가 있으므로 사업의 종류에 따라 융통성 있게 적용할 수 있다.

〈그림 1-5〉 종합군수지원요소 11대 요소

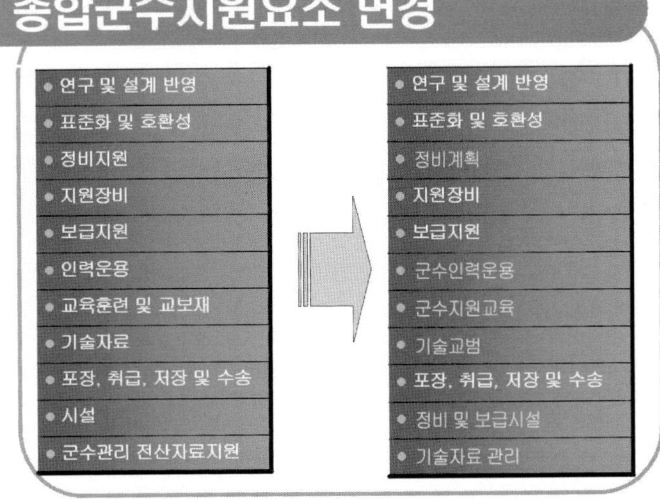

보충설명

## 《 미 육군의 ILS규정(AR700 – 127) 개정 》

### ■ 주요 개정내용

2005년에 개정된 규정이 1999년 규정에 비해 크게 달라진 내용은 다음의 4가지다.

① 총 수명주기 체계관리(Total Life – Cycle System Management, TLCSM) 개념 추가
② 성과 기반 군수(Performance – Based Logistics, PBL)에 관한 육군 정책 추가
③ 육군성 부차관보에게 획득군수요원(Army acquisition logistician)으로서 임무 추가
④ 야전배치 후 종합군수지원(ILS) 정책 추가

위의 4가지 항목 가운데 새로운 개념으로 추가된 것이 ①항과 ②항이며, ③항의 경우는 ①항을 수행하기 위해 육군성 부차관보에게 획득군수에 관한 전반적·구체적인 책임을 명시한 것이다. ④항은 ①항의 '총 수명주기 체계관리'라는 새로운 개념을 적용함으로써 사업관리관(Program Manager, PM)의 ILS 업무영역이 종전에는 무기체계 개발단계에서 종료되었으나 이제는 폐기 시까지로 확대되었고 이에 따라 무기체계가 개발이 끝나고 야전에 배치된 이후의 사용자 '성과(performance)'를 극대화하기 위한 ILS 업무수행 절차를 명시한 것이다.

# 1. 총 수명주기 체계관리
## (Total life-Cycle System Management, TLCSM)

TLCSM은 무기체계의 획득으로부터 폐기 시까지 시스템 수명에 대한 전투부대의 성과와 유지소요에 부합하기 위해 명확한 책임과 의무의 한계를 설정하는 것이다. 국방성은 전력 중심 군수기획(Force-centric Logistics Enterprise, FLE)을 통해 군수 분야를 개혁하고 있으며 FLE는 군수운영과 시스템 지원에 주요한 개선을 가져오는 6가지 선결요건으로 이루어져 있고 그 가운데 하나가 TLCSM이다. TLCSM 하에서는 무기체계가 생산 및 야전 배치된 이후 기존의 절차와 같이 사업관리관으로부터 지원계통으로 업무의 전환이 이루어지지 않는다. 다시 말해 PM은 부여된 사업에 관한 수명주기 관리자(Life-Cycle Manager, LCM)로서 무기체계의 수명 전 기간에 걸쳐 획득, 관리, 유지, 시스템 업그레이드 등의 책임을 계속 유지한다는 것이다. 여기서 중요한 것은 사용자의 성과를 극대화하기 위한 지원성(supportability)을 비용, 일정, 성능 등과 동등한 것으로 인식하고 동시에 개발될 수 있도록 책임을 진다는 것이며 위의 내용은 아래의 〈그림 1〉과 같이 정리해 볼 수 있다.

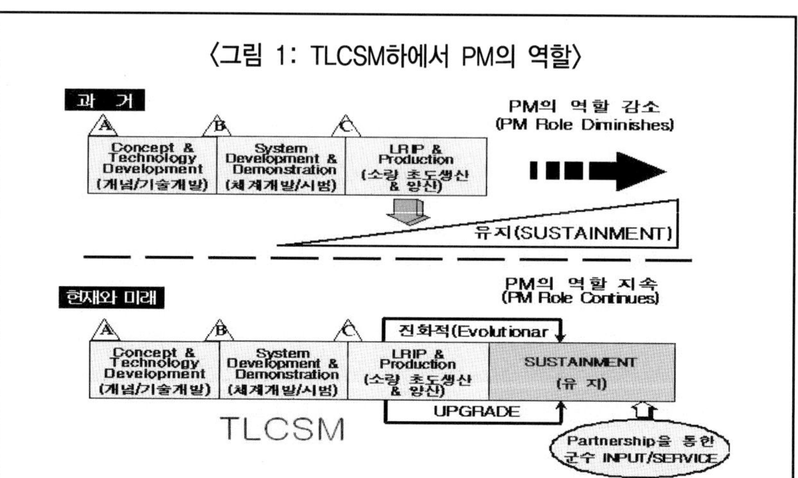



〈그림 1〉에서 보는 바와 같이 유지 분야에 대한 소요는 장비가 배치된 이후부터 급격히 증대하게 되며 이에 따라 국방성 훈령(DoD Directive)에 명시된 '총체적 시스템 접근방법(Total System Approach)'에 의해 PM은 유지 분야를 포함해서 전체 프로그램의 TLCSM에 대해 일관된 책임을 갖는다. 다시 말해 기존에는 장비가 야전에 배치되면 PM의 책임이 종료되었으나 현재 그리고 앞으로는 양산 이후 후속군수지원(Post-Production Support, PPS) 및 폐기 시까지 그 책임영역을 확대하고 있다. TLCSM과 관련된 요소 개발 시기는 PM이 지정되기 이전인 개념연구 단계부터 교육사(TRADOC), 연구개발사령부(RDECOM) 등에서 연구·발전시키고 그 이후 PM이 지정되면 본격적으로 TLCSM에 대한 의사결정자로서의 역할을 수행한다. 이와 같이 TLCSM은 PM 단독으로 수행되는 것이 아니라 아래의 〈그림 2〉와 같이 다양하고 복합적인 육군 조직의 노력을 수평적으로 통합하고 있으며 부서별 임무 및 기능의 특성에 따라 각 획득단계별로 참여하되 기관(부서) 간 역할 전환(transition)은 〈그림 2〉와 같이 연결고리 형태로 실시함으로써 업무의 일관성·연계성 및 정보의 공유가 이루어지도록 하고 있다.

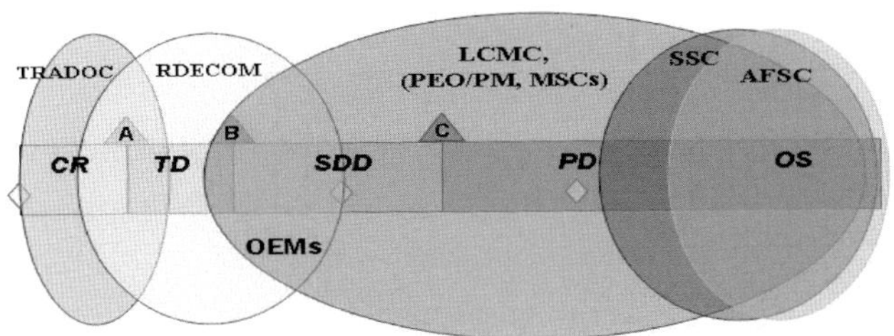

**〈그림 2: TLCSM 수행을 위한 복합적인 육군 조직의 수평적 통합관계〉**



*출처: Aviation and Missile Command(AMCOM), Army Transformation, November 2004.

註) TRADOC: 교육사령부(Training and Doctrine Command)
   RDECOM: 연구개발사령부(Research, Development and Engineering Command)
   LCMC: 수명주기사령부(Life Cycle Management Command)
   SSC: 보급 지원 센터(Supply Support Center)
   AFSC: 육군 야전지원사령부(Army Field Support Command)
   OEMs: 원 제조업자(Original Equipment Manufacturer)


앞에서 기술한 일반적인 내용과 함께 TLCSM은 다음과 같은 6가지의 개념을 포함하고 있으며 여기서는 간단히 항목만 소개하기로 한다.


① 일관된 책임한계(Single Point of Accountability)
② 진화적 획득(Evolutionary Acquisition)
③ 성과에 대한 핵심요소로서의 지원도와 유지 분야
   (Supportability and Sustainment as key elements of Performance)
④ 군수 분야를 포함한 성과기반 전략
   (Performance-based strategies including Logistics)
⑤ 신뢰도 향상과 군수수요 절감
   (Increased reliability and reduced logistics footprint)
⑥ 유지전략의 지속적 검토
   (Continuing reviews of sustainment strategies)

위와 같은 개념을 토대로 PM은 TLCSM을 수행함에 있어 비용, 일정, 성과에 따른 위험을 감소시키기 위해 시스템 엔지니어링 절차와 활동을 적용한다. 이것은 공공 분야(public sector)와 상업적 분야, 기술적 해결방법 등을 포함하는 것으로서 다음에 설명하는 성과 기반 군수(Performance-Based Logistics) 전략을 수행하는 밑바탕이 된다.

## 2. 성과 기반 군수(Performance-Based Logistics, PBL)

PBL은 국방성이 무기체계 부품공급을 위해 기획한 제품지원전략으로 시스템 준비태세를 최대화하기 위해 계획되었으며 '통합성과 패키지(Integrated performance Package)'로 지원품목을 구매하는 것이다. PBL은 획득체계에서 도출된 지원성 소요와, 책임의 부여 그리고 이러한 소요를 충족하는 데 필요한 인센티브(유인요소) 등을 정의하고 있다. 미 육군은 ILS 규정에 PBL을 수행하도록 명시하고 있으며 2001년 9월에 발간된 QDR(Quadrennial Defense Review)에도 군수수요의 감소를 위한 PBL의 수행과 관련해서 PBL이 TLCSM 수행을 위한 제품지원전략임을 강조하고 있다.

이러한 내용을 토대로 TLCSM과 PBL의 상관관계를 살펴보면 다음의 〈그림 3〉과 같다. 앞에서 기술한 바와 같이 TLCSM하에서 PM은 전반적인 수명주기 군수(Life-Cycle Logistics LCL)에 관한 책임을 지며 이를 위해 개발 초기 설계단계부터 유지 분야 소요를 최소화하기 위해 시스템 엔지니어링(system engineering)을 통한 LCL에 중점을 두고 생산단계 이후부터는 PBL을 통해 부품을 효과적으로 지원하기 위한 임무를 수행한다. 즉 TLCSM이라는 전반적인 구조(structure)하에서 LCL은 시스템 엔지니어링을 통해 유지소요를 최소화하기 위한 개발 초기 전략이며, PBL은 무기체계 생산단계 이후 운영유지 단계에서 소요되는 부품을 효과적으로 공급하기 위한 지원전략이다.

〈그림 3: TLCSM 체계도〉

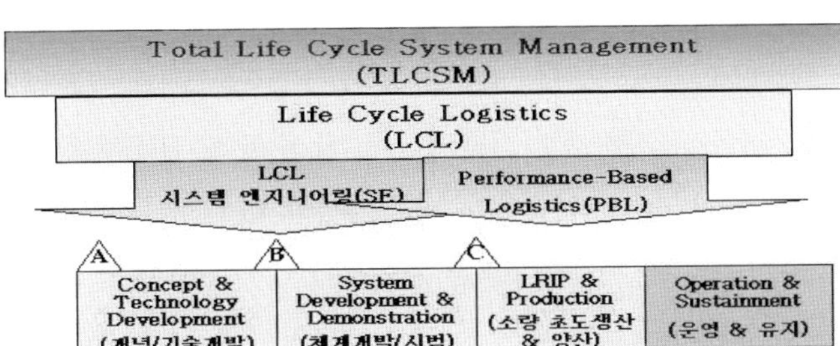


*출처: DoD, Defense Acquisition Guidebook, 2004. 5.0.1.1.

PBL을 수행하는 목적은 시스템의 가용성과 유지를 최대화하여 사용자에게 운용에 따른 준비태세 능력을 향상시키고 군수소요 비용과 규모를 최소화하는 데 있다.

PBL의 특징은 사용부대의 '성과'에 대한 명확한 책임한계를 설정하고 무기체계에 대한 지속적인 현대화 전략을 제공할 수 있다는 것이다. 여기서 말하는 '성과'는 전투부대의 준비태세와 임무 수행 및 달성 가능 여부와 관련된 전투력 발휘 차원에서 ① 운용가용도(Operational Availability), ② 임무 신뢰도(Mission Reliability), ③ 유니트 사용에 대한 비용(Cost per unit usage), ④ 군수 반응시간(Logistics Response Time), ⑤ 군수 수요(Logistics Footprint)를 말한다. 또한 '성과'에 대한 내용을 구체적으로 지표화하여 그에 대한 달성 여부를 평가하고 책임한계를 명확히 설정하고 있다.

모든 ILS 및 PBL에 대한 정책을 수립하는 책임은 육군성 부차관보(DASA)에게 있으며 공공기관과 업체 그리고 전투부대 등 삼각구도의 제휴관계(Partnership)를 통해 이루어진다. 이러한 제휴관계를 통해 공공기관(Organic Depot)은 운영의 효율성 향상, 업체가 담당한 분야를 제외한 새로운 분야에의 투자, 기술혁신 및 숙련된 기술인력 유지 등을 달성할 수 있다.

또한 업체의 능력을 활용함으로써 물류 흐름의 최소화, 공공기관과의 중복투자 방지 등의 목적을 달성하고 궁극적으로 전투부대는 개선된 군수지원, 즉응성, 관련 첨단기술의 도입 등을 통해 무기체계의 신뢰성을 제고할 수 있는 장점이 있다. 공공기관과 업체 제휴관계의 정도는 한정된 것이 아니며 다음의 〈그림 4〉에서와 같이 PBL전략 스펙트럼상에서 결정되게 된다.

〈그림 4: PBL 전략 스펙트럼〉

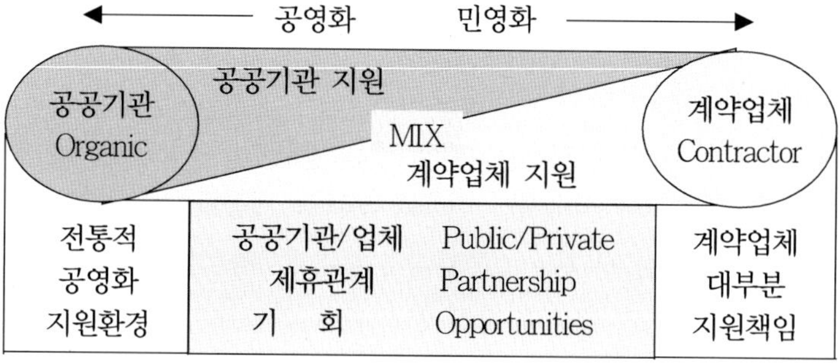

*출처: DoD, Performance-Based Logistics: A Program Manager's Support Guide, 2004.

PBL의 기능은 계약업체가 주로 수행하는 임무라고 볼 수 있으며 부품 단종 및 진부화에 대한 관리, 소요 결정, 엔지니어링 및 기술적 서비스, 형상 관리 및 통제, 수송 및 저장, 기술자료 관리, 노후화 관리, 공영기관과 업체와의 제휴관계 등의 기능을 수행된다.

PBL은 모든 획득프로그램에 적용할 수 있으며 적용가능한 분야는 시스템, 서브시스템 및 서브시스템에 소요되는 고가치·장기수명·수리가능 구성품 등에 적용할 수 있다.

PBL은 경영 실태 분석(Business Case Analysis, BCA) 과정을 통해 이루어지는데 BCA는 I, II의 두 가지 형태가 있다.(〈그림 3〉 참조.) Type I BCA는 'Milestone B' 이전에 PBL 적용가능성 여부를 검토하는 것이며 Type II BCA는 정식 또는 공식적으로 경영실태를 분석하는 것으로 대량생산 결정 검토(full-rate production decision review) 전까지 검토 및 입증된다. 이러한 과정을 거친 후 PBL은 PM 주관하에 사용부대와 업체 간 협약(PBA, Performance-Based Agreements) 절차를 거쳐 실질적으로 수행된다.

## 3. 후속군수지원 및 야전배치 후 ILS 수행절차

무기체계의 양산단계 이후, 경제적인 군수지원 분야, 준비태세 및 유지 분야의 목표를 달성하기 위한 관리 및 지원활동으로 후속군수지원(Post-Production Support, PPS)을 수행한다. PPS는 무기체계 개발 및 획득 단계에서 수립된 지원요소와 개념을 토대로 정부 및 계약업체 등을 포함하는 통합된 노력이다. 이러한 PPS계획은 양산단계 이전까지 지원성 전략(Supportability Strategy, SS)의 부록으로 작성되며 수명주기 전반에 걸쳐 PPS계획을 검토하고 최신화하기 위한 일정 등이 포함된다. 또한 생산단계 이후 소프트웨어 지원(Post-Production Software Support, PPSS)은 체계개발 단계 이전부터 착수해서 무기체계가 배치된 이후의 각종 소프트웨어 변경요소에 대한 분배, 다운로딩, 설치 및 훈련 등을 포함하여 지속적으로 최신화해 나간다. 이러한 모든 계획은 PPS계획에 망라되어 무기체계가 폐기될 때까지 전투부대가 주어진 '성과'를 달성할 수 있도록 모든 제도적 장치를 강구하고 있다.

상기 1항에서 기술한 바와 같이 TLCSM하에서 PM의 임무가 무기체계의 개발~폐기까지 확대됨에 따라 양산 이후 그리고 무기체계가 야전에 배치된 이후에도 ILS업무는 지속적으로 수행된다. 야전배치 이후 ILS는 야전으로부터의 자료수집 그리고 제반 지원절차를 반복·숙달하는 야외 훈련·연습 등을 통해 지원구조를 최적화하고 총 소유비용(Total Ownership Cost, TOC)을 최소화할 목적으로 수행된다. 이러한 노력은 PM의 주도하에 SIPT라는 협의체를 통해 수행된다. SIPT는 비용, 군수 또는 준비태세에 영향을 미치는 유발요인을 식별하기 위한 야전배치 후 분석(Post-Fielding Analysis), 수립된 지원구조를 검증하기 위한 수리수준 분석(Level Of Repair Analysis, LORA) 및 야전배치 후 평가(Post-fielding assesment) 등의 임무를 수행한다. 또한 유지 분야 준비태세 검토(Sustainment readiness review)라는 절차를 통해 생산 단계로부터 유지 분야로 예산을 전환하고 시정조치가 필요한 지원성 문제 등을 식별한다.

## ■ 시사점

미군이 PBL을 적용할 수 있었던 것은 그것을 적용할 수 있는 선행요건들이 어느 정도 구비되었기 때문이라고 볼 수 있다. 즉 사용자의 입장에서 군수 소요에 대한 정보와 그것을 충족시키기 위한 물류의 흐름이 거의 실시간으로 이루어지는 전군 자산가시화(TAV, Total Asset Visibility) 체계가 구축되었기 때문이다. 따라서 사용자 중심의 성과관리 체계를 '07-'08년까지 도입하겠다는 계획도 중요하지만 그 제도의 효율성을 극대화할 수 있는 선행요건 및 기반체계들이 적시에 제대로 구축될 수 있는지 다시 한번 점검해 보는 통합 체계적인 노력이 필요할 것이다.

*출처: 전종순(2006), "미 육군의 ILS규정 개정과 시사점", 육군본부,
「군수관리보」(제22호)

## 제2절 획득관리과정상의 전력화지원요소

전력화지원요소는 무기체계와 병행하여 식별되고 소요가 정립되므로 전력화지원요소에 대한 인식이 필요하다. 〈그림 1-6〉은 무기체계 획득관리 업무체계와 각 단계별 전력화지원요소 획득 과정을 도식한 것이다.

〈그림 1-6〉 무기체계 전력화지원요소 확보 절차도

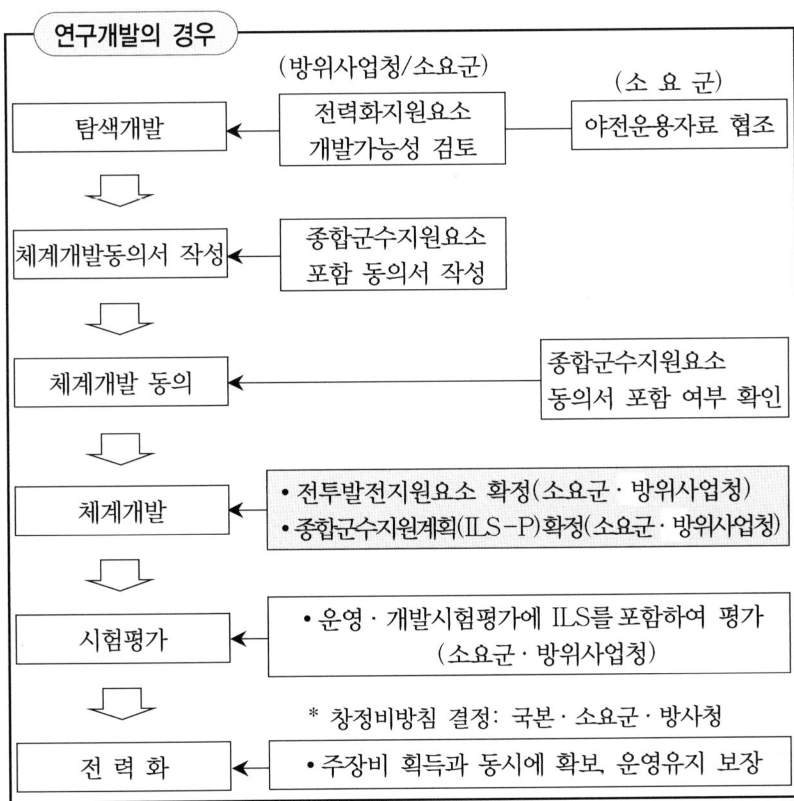

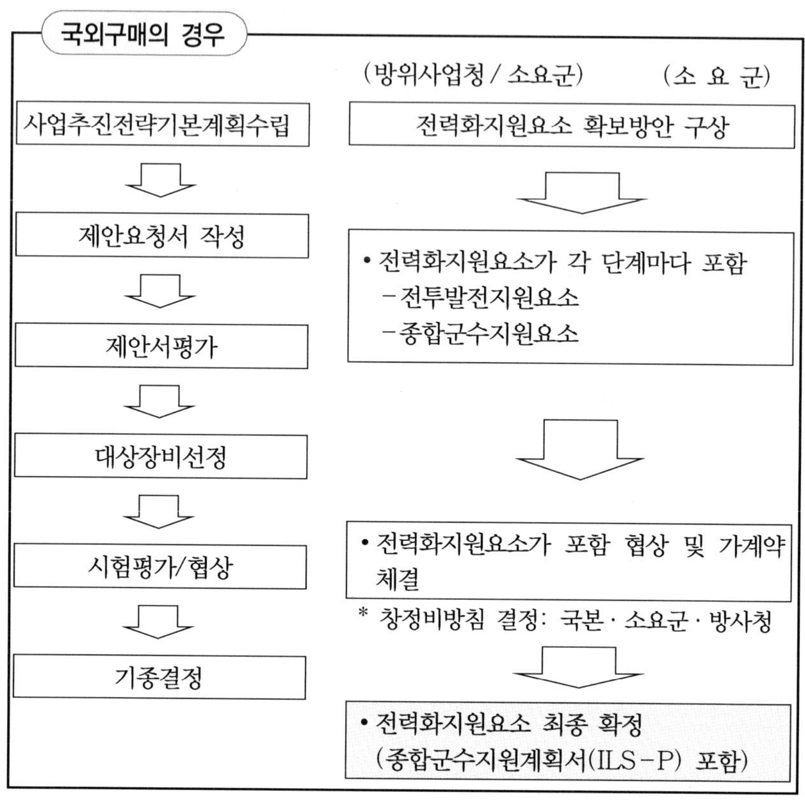


출처: 국방부, 국방부 훈령 제793호, 「국방전력발전업무규정」(2006), p.236.

소요제기기관은 개념연구 단계에서 무기체계 획득 소요제기를 전력소요서에 반영하게 되고 이때 전력화지원요소는 개략적으로 판단되어 반영된다. 합참은 이를 바탕으로 소요를 결정하며 합동 군사전략 목표기획서를 작성한다. 이때 무기체계 획득방법은 연구개발사업과 국외도입사업으로 분류되어 추진된다. 획득관리업무상의 전력화지원요소를 살펴보면 다음과 같다.

## 1. 연구개발에서의 전력화지원요소

연구개발사업의 현행 절차는 〈표 1-1〉과 같이 이루어진다. 소요제기 단계에서 전력화지원요소의 개략적인 요구가 이루어지면 탐색개발단계에서 방위사업청이 선행연구 단계에서 사업추진전략을 검토할 시 전력화지원요소의 부분을 검토하고 연구기관 및 용역을 통한 탐색개발계획서에 구체화하고 체계개발 동의서를 작성할 때 전력화지원요소(교리, 편성, 교육훈련, ILS요소)에 대한 소요가 국과연 및 주 개발업체에서 검토 분석된 후 구체화된다.

### 〈표 1-1〉 연구개발에서의 전력화지원요소

| 단계 | 문 서 | 내 용 | 비 고 |
|---|---|---|---|
| 소요<br>제기 | 중·장기<br>전력소요서 | • 전력화지원요소 개략판단 | |
| 선행<br>연구 | 사업추진전략<br>계획서 | • 전력화지원요소 세부연구<br>　- 전력화지원요소 개념설정<br>　- 전력화지원요소 개발방향 설정 | |
| 탐색<br>개발 | 탐색개발계획서 | • 전력화지원요소 분석/구체화<br>　- 전력화지원요소 개발가능성 검토<br>　- 전력화지원요소 개발계획 수립 | |
| 체계<br>개발 | 체계개발동의서<br>체계개발계획서<br>개발 및<br>운용시험평가<br>계획 및 결과보고서<br>국방규격제정<br>(규격·목록화) | • 전력화지원요소 개발<br>　- 전력화지원요소 개발개념<br>• 전력화지원요소 입증/확인<br>　- 시제품 제작<br>　- 개발 및 운용시험평가<br>• 전력화지원요소 확정 | • 업체가  요구시소<br>요군/국과연은 관<br>련자료 제공<br>　- 기술/운용시험<br>평가결과<br>• 연구개발종료<br>　- 규격화 완료시 |
| 양산<br>및<br>배치 | 초도 생산시험<br>야전배치<br>전력화 평가 | • 전력화지원요소 생산<br>• 초도생산 시험 시 전력화지원요소 보완<br>• 구형장비 도태계획<br>• 주 장비 성능 개량 여부 판단<br>• 운영평가 분석 | |

출처: 국방대학교, 「2005 국방사업관리Ⅲ 교재」(2005), p.53.

국과연과 개발업체에서 체계개발계획서가 작성되고 시제품을 제작, 개발시험평가를 할 때 주 장비와 더불어 전력화지원요소에 대한 입증 및 확인이 이루어지며 야전 및 기술교범 초안, 편성 장비표 초안, 종합군수지원서 초안이 작성된다. 운용시험평가를 거치면서 개발시험평가단계에서 작성된 전력화지원요소 초안을 수정 보완하는 과정을 거치면서 전력화지원요소가 확정된다. 작전운용성능 시험과 전투용 적합 및 부적합 판정 후 국방규격을 제정하고 야전에서 운용되면서 수정보완 요구사항 발생 시 지속적으로 보완시키게 되는 절차를 갖는다.

## 2. 국외도입에서의 전력화지원요소

국외도입 사업추진 시 전력화지원요소의 획득은 전력화지원요소 확정, 확보계획수립, 규격제정·계약 및 구매·양산, 운영분석 및 평가단계로 구분하여 추진되어야 한다. 방위사업청(통합사업관리팀장)은 선행연구결과를 근거로 국외도입으로 결정된 사업에 대하여 전력화지원요소의 소요를 검토하여 수정·변경요소를 소요군 및 관련기관에 통보하고 필요시 중기계획에 반영하여야 한다. 또한 무기체계의 기종이 결정되면 소요군과 협조하여 전력화지원요소별 확보계획을 구체화하여 수립한다. 이 경우 주 장비와 동시에 구매가 곤란한 요소는 연구개발 전력화 지원절차를 준용하여 확보하여야 한다.16)

국외도입 사업의 추진 절차의 전력화지원요소는 〈표 1-2〉와 같이 이루어진다. 소요군 및 국방부(사업주관부서)에서 시험평가 시 입증시험을 거치면서 구체화된다. 시험평가결과 판정 후 도입방법 및 기종결

---

16) 방사청, 전게서, p.144.

정 시 전력화지원요소가 확정되어 계약서 및 종합군수지원계획서(ILS
-P)에 반영된다.

〈표 1-2〉 국외구매에서의 전력화지원요소

| 단 계 | 절 차 | 내 용 | 비 고 |
|---|---|---|---|
| 소요제기 | 전력소요서 | • 전력화지원요소 연구 | 소요군 |
| 시험평가/<br>협상 | 제안요구서<br>작성/접수 | • 업체제안서에 포함사항<br>-ILS개념, 11대 요소<br>-수명주기비용(LCC), 보증조건<br>-동시조달수리부속(CSP)<br>산정기준 및 목록 | 방사청/<br>소요군 |
| | 시험평가결과/<br>판정 | • 전력화지원요소 구체화<br>-전력화지원요소 평가 | |
| | 협상지침 | • 협상지침/세부협상지침 작성<br>• 기술도입생산계획서 작성 | |
| 기종결정 | 도입방법/<br>기종결정 | • 전력화지원요소 확정 | |
| 생산/<br>구매/<br>임차 배치 | 생산/구매 | • 전력화지원요소 생산<br>-야전·기술교범<br>-편성·장비표<br>-교육훈련 소요기준/신장비 훈련<br>계획 | 소요군 |

출처: 국방대학교, 「2005 국방사업관리Ⅲ 교재」(2005), p.54.

사업이 집행되어 생산될 때 주 장비 양산과 병행하여 전력화지원요
소인 야전 및 기술교범, 편성·장비표, 교육훈련 소요기준 및 신장비
훈련계획 등을 확인하여야 한다. 특히 업체로부터 획득된 기술교범 원
본을 기술교범·국방규격서에 따라 검증하고 국외구매의 경우 필요시
번역 발간한다. 야전 운영 시에도 전력화지원요소에 대한 보완 발전이
요구된다.

# 제3절 무기체계 소요제기 및 검증 방법

## 1. 무기체계 소요제기 방법

장차전 양상은 잘 발달한 정보화, 과학화 기술로 인하여 과거 전쟁과 달리 전투자산을 지리적으로 한곳에 집중시켜 물리적인 집중효과를 달성하는 것이 아니라 분산 배치한 전투자산을 네트워크(Network)로 연결하여 정보우위(세)[17]를 통해 표적에 전력을 동시 통합적으로 투사함으로써 효과의 집중을 달성하고 동시에 분산배치에 따른 적 공격으로부터의 취약성 감소효과도 달성할 수 있을 것이다.

〈그림 1-7〉 네트워크 중심전(NCW: Network-Centric Warfare)

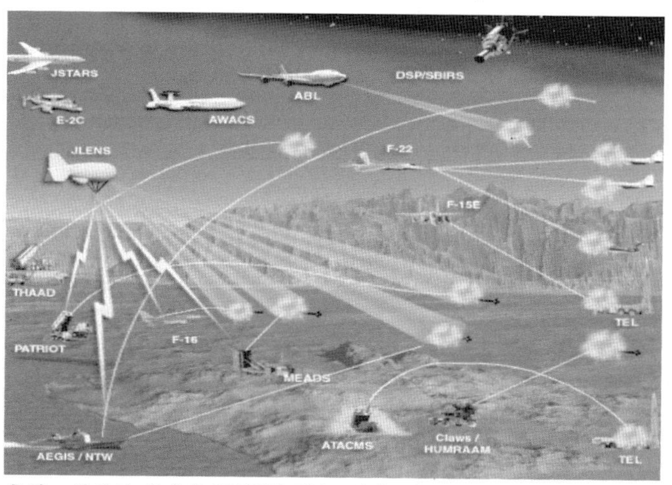


출처: 최상영, "미래 NCW수행을 위한 미 합참의 합동운용아키텍처에 대한 고찰", 「국방대 교수논총」(제35집). p.4.

---

17) 정보우위는 지휘관에게 공격 및 기동의 자유 그리고 적 공격으로부터의 자유를 가능하게 하는 핵심으로, 아군에게 적의 방해 없이 정보를 수집·통제·활용 및 방어하는 능력을 허락하는 정보영역에서의 우위의 정도를 의미한다.

## 《 네트워크 중심전(NCW) 》

### ■ 개 요

최근 네트워크 중심전(NCW: Network Centric Warfare)이라는 용어가 미래전에 대한 대표적인 용어로서 자주 사용되고 있다. 이는 1998년 미 해군의 세브로스키 제독(Vice Admiral Arthur Cebrowski)과 가르스트카(John Garstka)가 미 해군 연구소의 「Proceedings」라는 잡지에 공동으로 기고한 논문을 통하여 본격적으로 소개된 개념이다. 최초에 네트워크 중심전은 해군에서 적용되는 개념으로 발전되었으나 현재는 미군이 추진하고 있는 군사력 변혁(Force Transformation)의 핵심요소로 선택되어 추진되고 있다.

비록 네트워크 중심전이라는 용어를 사용하지는 않지만 한국군도 네트워크를 통하여 부대를 연결해 나가는 것을 중시하여 그 방향으로 노력하고 있다. 합동 차원에서는 1999년부터 지휘소 자동화체계(CPAS, Command Post Automation System)를 운용하고 있고 각 군별로 전술 C4I체계를 개선하고 있으며 합동지휘통제체계나 군사정보 통합처리체계를 추진하고 있다. 평시에도 인터넷과 인트라넷을 통하여 부대와 부대원들을 연결시키고 정보의 적시적이고 정확한 유통에 노력하고 있으며 그러한 연결의 정도와 운용의 효율성을 지속적으로 향상시켜 나가고 있다.

1990년대 후반에 미군들의 군사혁신(RMA: Revolution in Military Affairs)을 소개하면서 네트워크 중심전의 개념 자체는 한국군에게 소개되었으나 네트워크의 구성이라는 기술적 측면에 주목하거나 첨단기술을 구비한 미군들에게만 해당되는 개념으로 간주하여 넓은 공감대는 형성하지 못한 상태라고 할 수 있다. 최근에 한국국방연구원을 통하여 그의 기본적인 내용이 소개되고 부분적으로 토의가 시행된 바도 있으나 네트워크 중심전에 대한 전반적인 이해는 미흡한 상태다. 따라서 세계적인 추세에 부응하고 미래전에서의 승리를 보장하기 위해서는 네트워크 중심전에 대한 장병들의 이해를 제고하고 정보화 시대에 부응할 수 있는 미래전 수행개념에 대한 토의를 활성화하는 것이 절실한 시점이라고 할 것이다.

## ■ 네트워크 중심전의 발전 경과와 개념

현대에 컴퓨터 기술이 군대에도 도입되어 지휘통제 통신체계의 혁신이 일어났고 모든 부대와 개인들을 네트워크로 연결한다는 개념이 가능하게 되었다. 무기체계 면에서는 정밀타격 능력의 발전으로 인하여 이제는 표적을 정확하게 파악하기만 하면 즉각적인 제압이 가능하고 부대의 기동성이 증대되어 물리적 공간과 시간의 제한사항이 축소되고 있다. 따라서 이러한 현대 군대의 발전성과를 통합할 수 있는 하나의 대안으로서 제시된 것이 네트워크 중심전이다.

네트워크 중심전은 미국 사회의 변화를 군대에 적용시키고자 하는 노력에서 비롯되었다. 네트워크 중심전이라는 용어를 확산시키는 데 주도적인 역할을 한 세브로스키와 가르스트카에 의하면 미국 사회는 ① 플랫폼(platform)에서부터 네트워크로 초점이 전환되었고 ② 개인의 독립성보다는 생태계를 구성하는 부분이라는 사실을 중시하게 되었으며 ③ 시대의 변화에 적응하기 위하여 전략적인 선택들을 감행하고 있다는 것이다.

따라서 군대도 사회의 한 부분이기 때문에 네트워크 중심전이라는 개념을 통하여 군사력의 연결을 중시하고 연결된 전체 속의 부분으로 각 부대들이 기능하도록 해야 하며 이것이 바로 변화되는 환경에 적응하기 위한 전략적 선택이라는 것이다.

네트워크 중심전은 컴퓨터의 자료 처리 능력과 네트워크로 연결된 통신기술의 능력을 활용하여 정보의 공유를 보장함으로써 군사력의 효율성을 향상한다는 개념으로서 미군들은 '네 가지 기본원리(Four Basic Tenets)'라고 명명하여 네트워크 중심전이 작용하는 원리를 설명하고 있다. 즉 ① 네트워크로 강도 높게 연결된 군사력은 정보의 공유 정도를 개선하고(A robustly networked force improves information sharing) ② 정보의 공유는 정보의 질과 상황인식에 대한 공유 정도를 향상시키며(Information sharing enhances the quality of information and shared situational awareness) ③ 상황인식의 공유는 협동과 자체 통합을 가능하게 하면서 지속성과 지휘 속도를 향상시키고(Shared situational awareness enables collaboration and self-synchronization, and enhances sustainability and speed of command) ④ 이러한 과정은 결과적으로 임무수행의 효율성을 극적일 정도로 증대시킨다(These, in turn, dramatically increase mission effectiveness)는 것이다.

<그림 1: 네트워크 중심전 개념도>

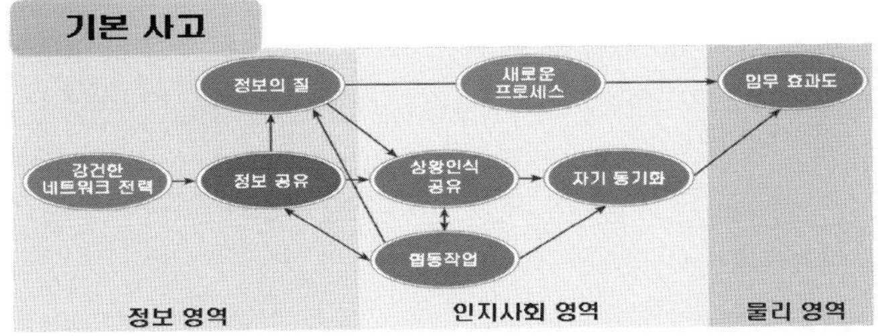


출처: 김윤태(2005), "NCW 개념과 한국군 적용방안", 한국국방연구원, p.10.

즉 미군에 의하면 네트워크 중심전은 "센서(sensors), 결정권자(decision makers) 및 타격요소(shooters)들을 네트워크로 연결하여 상황인식의 공유(shared awareness), 지휘 속도의 증가(increased speed of command), 고도의 작전템포(high tempo of operation), 치명성의 강화(greater lethality), 생존성의 증대(increased survivability) 및 자체통합(self-synchronization)을 달성함으로써 전투력을 증대시킨다. 본질적으로 그것은 전장 내에서 우군들을 효과적으로 연결시키고 상황에 대한 정보공유를 향상시키며 군사작전의 모든 수준에서 신속하고 효과적인 결심을 가능하게 하고 작전수행의 속도 증대시킴으로써 정보의 유리점을 전투력으로 전환(translates information advantage into combat power)시키는 것이다."

영국에서는 네트워크 중심전 대신에 '네트워크에 의해 보장된 능력(NEC, Network Enabled Capabilities)'이라는 용어를 사용하고 있다. 이것은 미국처럼 네트워크 중심전을 전면적으로 추진하는 것은 위험부담이 있다는 인식하에 군사작전의 효율성을 향상할 수 있는 범위에서만 네트워크의 장점을 제한적으로 활용한다는 개념이다. 영국의 경우는 미국만큼 집중적인 재원의 투자가 가능한 상황이 아니고 아직 네트워크 중심전의 타당성이 완전히 입증된 것은 아니라고 생각하기 때문이다. 영국은 네트워크를 중심전에 대하여 '덜 열광적(less enthusiastic)'인 태도를 견지하고 있고 네트워크보다는 네트워크를 통하여 연결하고자 하는 무기, 지휘소, 센서에 더욱 큰 비중을 두고 있다.

# ■ 네트워크 중심전의 주요 내용

## 가. 작전수행 개념이 아닌 능력 강화의 방법

네트워크 중심전에 있어서 가장 중요한 내용은 네트워크 중심전은 싸우는 방식이나 개념이 아니고 군사력을 극대화하는 방법일 뿐이라는 것이다. 네트워크 중심전은 군사력들을 네트워크로 연결함으로써 '증대된 전투력(increased combat power)'을 창출하거나 '힘의 원천(a source of power)'을 강화하는 것이고 그것 자체가 '어떻게 싸워야 할 것인가'라는 작전수행의 방향을 설정해 주는 것은 아니다. 그리고 이것이 네트워크 중심전의 결정적인 할 수 있다. 군사력은 작전수행 개념을 구현할 수 있는 방향으로 발전되어야 하는데 그러한 방향은 제시하지 못한 채 네트워크로 군사력을 연결하는 것만 강조해서는 불충분하고 시행착오를 야기할 가능성도 있기 때문이다.

네트워크 중심전의 이러한 한계를 인식하여 미군들은 네트워크 중심전은 보편적인 의미로 사용하거나 이론을 지칭할 때 사용하고 네트워크로 연결된 군사력을 활용하여 시행하는 군사작전은 '네트워크 중심작전(NCO, Network-Centric Operations)'이라는 용어로 구분하여 사용하고 있다. "네트워크 중심전은 이론인 반면에 네트워크 중심작전은 그러한 이론을 행동화하는 것(While NCW is the theory, NCO is the theory put into action)이고…… 네트워크 중심전의 구현을 대표하는 것이 네트워크 중심전의 수행(the conduct of NCO represents the implementation of NCW)"이라는 것이다. 즉 네트워크 중심전은 군사력을 강화시키는 수단이고 그것을 효과적으로 운용하는 방법이 '네트워크 중심작전'이라는 설명이지만 네트워크 중심작전 또한 '어떻게 싸워야 할 것인가'에 대한 방향은 분명하지 않다.

따라서 현재 미군들은 네트워크 중심전을 효과기반작전과 상호보완 관계로 연결시키고 있다. 네트워크에 의하여 능력이 강화된 군사력을 사용하여 군사작전을 계획하고 시행하고 평가하는 방법이 효과기반작전이고 네트워크로 연결된 미군들은 '효과기반작전의 수행을 보장하는 핵심적인 요소(an essential enabler for the conduct of effects-based operations)'라는 인식이다. 즉 효과기반작전은 작전수행개념이고 네트워크 중심작전은 이를 위한 능력을 구비하는 방향이며 효과기반작전은 군사력은 운용하는 방향이고 네트워크 중심전은 군사력을 건설하는 방향이라고 할 것이다.

## 나. 정보우위(information superiority)를 바탕으로 지휘 속도 향상

네트워크 중심전은 정보우위를 달성하는 데 중점을 두고 있다. 네트워크 중심전을 수행하면 전장에서 적보다 먼저 정확하게 제반 상황을 파악하고 이것을 모든 사람들이 공유함으로써 대응의 시간을 단축하고 대응 조치의 정확성을 기할 수 있다는 것이다. 네트워크 중심전은 산업화 시대에서 정보화 시대로 변화되면서 정보(information)라는 새로운 힘의 근원을 식별하고 그것을 전쟁에 최대한 활용하는 개념이다. 따라서 지금까지의 전쟁에서는 무기나 병력의 수를 중심으로 하는 '투입(input)'에 관한 사항이 기준이 되었지만 네트워크 중심전에서는 정보우위를 가늠할 수 있는 속도, 최신화의 빈도, 혁신의 정도 등 '산출(output)'에 관한 사항이 기준이 된다고 말한다.

네트워크 중심전은 정보우위를 바탕으로 의사결정 사이클을 빠르게 순환시킴으로써 상대적 우위를 확보하게 한다. 충분한 정보가 실시간에 제공되는 만큼 전장의 불확실성이 해소되고 명확한 의사결정이 가능해지기 때문이다. 현대전에서 가장 일반적으로 사용되고 있는 의사결정 사이클인 보이드(John R. Boyd)의 'Observe(관측)-Orient(지향)-

Decide(결정) - Act(행동)'에 있어서 네트워크 중심전은 특히 '관측'과 '지향'의 단계를 단축시키고 그럼으로써 후속되는 '결정'과 '행동'의 질을 향상시킨다. 그렇기 때문에 네트워크 중심전은 지휘의 속도(the speed of command)를 높인다고 말한다.

네트워크 중심전은 정보우위와 지휘의 속도를 바탕으로 하여 적의 의사결정 사이클을 파악하고 적의 의사결정 사이클보다 앞서서 필요한 조치를 취하는 것이다. 예를 들면 전장에서 적이 '관측-지향-결정-행동'할 때 각 단계에서 적이 취하고 있는 내용을 파악하고 그에 맞도록 우리의 행동을 조정하거나 적보다 한발 앞서서 행동하게 한다. 또한 우리의 행동이 적의 의사결정에 영향을 끼치도록 보장함으로써 우리가 적 의사결정 사이클의 한 부분으로 기능한다(getting inside enemy OODA loops). 나아가 적을 어떠한 방책도 선택할 수 없는 상황에 빠뜨림으로써 적의 의사결정 사이클 자체를 와해시키고 적을 속수무책의 상태로 만들게 된다(lock-out effect).

## 다. 군사력 운용 효율성의 극대화

네트워크 중심전의 가장 기본적인 내용은 군사력을 네트워크로 연결함으로써 분산되어 있지만 집중되어 있는 것처럼 운용하고 공간적이거나 시간적인 요소가 주는 제한사항을 극복한다는 것이다. 따라서 네트워크 중심전에서 중요한 것은 적에 비해 더욱 체계적으로 군사력들을 연결하는 것이고 그 방편으로서 현대의 첨단과학 기술을 최대로 동원하며 특히 컴퓨터를 중심으로 한 첨단 장비와 소프트웨어를 활용한다. 그래서 미군들의 경우 현재 범지구정보망(Global Information Grid) 구축을 추진하고 있고 각 군도 예하의 부대들을 효과적으로 연결할 수 있도록 다양한 네트워크를 개발하고 있으며 국방부/합참에서는 이들 간의 상호 운용성(interoperability)을 확보하기 위하여 노력하고 있다.

　네트워크로 연결된 군사력의 효율성을 극대화하기 위해서는 연결된 군사력의 자유롭고 융통성 있는 사용을 보장할 수 있는 사고와 의식, 즉 문화의 변화가 병행되어야 한다. 합동작전을 위한 네트워크가 구비되어 있다고 하더라도 합동 차원의 교리, 의식, 문화가 발전되어 있지 않으면 실질적인 합동작전이 이루어질 수 없는 것과 같다. 세브로스키에 의하면 "네트워크 중심전을 구현한다는 것은 정보기술이 아니라 무엇보다 인간의 행동에 관한 것이다. '네트워크(network)'는 명사인 반면에 '네트워크로 연결하다(to network)'는 동사다. 그래서 특정한 부대 또는 국방부 전체가 네트워크 중심전의 위력을 활용하는 정도를 점검할 경우에 네트워크로 연결된 환경 내에서의 인간의 행동에 초점을 맞추어야 한다."

## 라. 전쟁의 모든 수준과 형태에 적용

　지금까지 네트워크 중심전은 전술적이거나 작전술적인 측면에 치중하여 발전되었다. 그러나 미군들은 네트워크 중심전이 전략적인 수준까지도 충분히 확대되어 적용될 수 있다는 개념하에 그 적용범위를 확대하여 추진하고 있다. 대신에 영국을 비롯한 유럽의 국가들은 우선 전술적이거나 작전적인 수준에서 네트워크의 이점을 확실하게 경험한 이후에 전략적인 수준으로의 격상 여부를 검토한다는 입장이라고 할 수 있다.

　네트워크 중심전은 전투작전에서부터 안정화 작전 및 평화유지 활동에 이르기까지 모든 군사작전 영역에 적용된다. 이라크 전쟁에서는 주요 전투작전 위주로 네트워크 중심전이 적용되고 실험되었지만 네트워크 중심전은 대테러 전쟁과 같은 비정규전일수록 더욱 효과적일 확률이 크다. 다만 네트워크 중심전을 추구하게 되면 병력규모가 축소될 가능성이 크기 때문에 이 경우에는 비정규전에서 지역과 주민을 통제하는 데 어려움이 발생할 수 있고 이 부분이 네트워크 중심전을 발전시켜 나가면서 주의해야 할 부분 중의 하나다. 예를 들면 이라크의 안정화작전에서 미군은 '기술이나 정보가 지상통제를 위한 적절한 병력의 보유를 대체하지 못한다'는 것을 체험하였다.

## ■ 네트워크 중심전의 적용사례

네트워크 중심전의 사례는 네트워크화된 정도를 어떻게 보느냐에 따라서 분석의 대상이 달라질 수 있지만 주로 컴퓨터를 중심으로 한 데이터 통신을 통하여 군사력이 연결되고 통합되어 운용된 전쟁이 그 대상이라고 할 수 있다. 미 회계감사실(GAO: General Accounting Office)에서는 1991년의 걸프전쟁, 코소보전쟁 등도 대상으로 포함하고 있으나 미군들은 최근의 아프가니스탄 전쟁과 이라크 전쟁을 네트워크 중심전의 주된 대상으로 분석하고 있다.

### 가. 아프가니스탄 전쟁

미군들은 아프가니스탄에서도 네트워크 중심전이 매우 효과적이었다고 평가하고 있다. 산악지대인 아프가니스탄에서 탈리반과 알 카에다를 추적하는 데는 네트워크 중심전의 능력이 아니었으면 어려웠다는 분석이다. 예를 들면 아프가니스탄에서 특수부대들이 표적을 발견하게 되면 레이저 조사기로 그 표적의 정확한 좌표를 획득하여 이를 휴대용 컴퓨터를 통하여 항공기로 보내었고 비행 중인 항공기는 '지구위치표정체계(GPS: Global Positioning System)'에 의하여 유도되는 '합동직접공격탄(JDAM: Joint Direct Attack Munition)'에 제원을 장입한 후 공격하였는데 20분 내에 실제적인 공격이 이루어졌다고 한다. 그리고 무인항공기에서 수집한 첩보들이 실시간에 지휘소에 전달될 수 있었고 미 중부사령부의 경우에는 플로리다의 사령부와 쿠웨이트나 우즈베키스탄의 전방지휘소가 네트워크를 통하여 정보를 효과적으로 공유할 수 있었다.

그러나 일반적으로 아프가니스탄전쟁 자체가 제한적인 규모였듯이, 네트워크 중심전이 적용된 정도도 제한적이었다고 할 수 있다.

### 나. 이라크전쟁

이라크전쟁에서 네트워크 중심전은 아프가니스탄전쟁에서 적용된 것보다 더욱 개선된 형태로 적용되어 초기 주요 군사작전에 있어서 중요한 기여요소(a major contribution)였고 그 효과와 잠재력을 입증하였다고 할 수 있다. 토미 프랭크스(Tommy Franks) 사령관을 비롯하여 다수의 미군 지휘관들은 이라크 전쟁에서 적용된 네트워크 중심전의 이점을 높게 평가하였다.

이라크전쟁에서는 네트워크 중심전 차원의 새로운 장비나 기법도 다수 사용되었다. 네트워크를 통한 연결을 바탕으로 합동작전이 증진되었고 특히 우군추적기(Blue Force Tracker, FBCB2/BFT)는 의사소통과 정보공유에 매우 유용하였다. 미국 의회의 분석에 의하면 1991년의 걸프전쟁에서는 표적선정을 위한 협조에 4일이 소요되었으나 이라크전쟁에서는 45분으로 단축되었다. 그리고 무선통신의 사각지대에서는 인공위성에 연결된 네트워크의 이메일이나 대화방을 통하여 통신할 수 있었다.

이라크전쟁에서는 네트워크 중심전의 제한사항도 다수 발견되었다. 이라크전쟁에서 미군은 인공위성에 지나치게 의존하였고 주파수 소요가 많아서 민간주파수까지 사용하지 않을 수 없었으며 말단 전투제대의 경우는 통신이 제한되는 경우가 많았다. 여단급 이상 지휘관은 무인정찰기에 의한 항공사진을 활용할 수 있었지만 실제 전투를 수행하는 대대급 이하는 그것이 불가능하였다. 또한 연합작전의 경우 각국이 상이한 체계를 사용하였기 때문에 상호 운용성이 제한되었고 비밀에 대한 각국의 규정이 달라서 정보공유가 곤란하였으며 주요한 임무는 미군들이 단독으로 수행할 수밖에 없었다. 따라서 이라크 전쟁은 전통적인 전쟁에서부터 네트워크 중심전으로 변화해가는 전환과정(transitional)으로 평가되고 있다.

미국의 정부기관인 회계감사실(GAO, General Accounting Office)은 코소보, 아프가니스탄, 이라크전쟁에서 미군이 수행한 결과를 분석한 후 "국방부가 효과 측정을 위한 세부적인 척도를 구비하지 못하고 있기 때문에(네트워크를 통한 연결로 인하여) 그러한 작전들이 어느 정도로 가속화되었거나 영향을 받았는지는 불분명하다"라고 하여 이라크 전쟁을 비롯한 미군의 최근 군사작전이 네트워크 중심전의 성과임을 인정하지 않고 있다. 오히려 회계감사실은 무기체계와 장비에 있어서 표준화와 상호 운용성의 미흡, 적시적이고 효과적인 타격효과 판정의 곤란성, 단일화된 전장정보체계의 부재, 훈련의 부족 등을 시정해야 할 점으로 지적하고 있다.

〈그림 2: 걸프전과 이라크전 비교〉

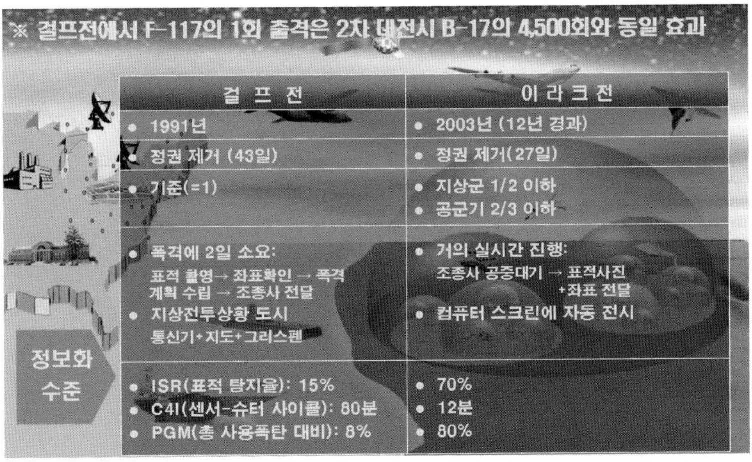

출처: 김윤태(2005), "NCW 개념과 한국군 적용방안", 한국국방연구원, p.9.

## ■ 네트워크 중심전의 추진현황

### 가. 미 국

현재 미군들은 네트워크 중심전을 의욕적으로 추진하고는 있지만 아직 '정보화 시대에 새로 출현하고 있는 전쟁이론(an emerging theory of war in the information age)'이라는 인식하에 추가적인 연구를 강조하고 있고 공식적인 작전수행 개념으로 채택한 것도 아니다. 미군들 중에는 앞으로 4년 또는 5년 후에는 포괄적인 네트워크 중심작전이 가능하다고 전망하는 사람도 있지만 대부분은 그보다 훨씬 많은 시간과 노력이 소요될 것으로 판단하고 있다. 따라서 현재 미군들은 네트워크 중심전에 대하여 이론적인 연구를 계속하는 가운데 실용적인 차원에서 군사력의 연결을 가속화해 나가고 있다. 네트워크 중심전의 구현에 관한 미 국방부의 기본 방향은 다음과 같다.

① 무엇보다 올바른 이론을 발전시켜야 한다. 현재까지 발전된 내용을 기초로 하되 아프가니스탄이나 이라크를 비롯한 최근 전쟁에서 미군들이 경험한 바를 반영하고 지속적인 실험과 평가를 통하여 미래지향적이면서 정보화 시대에 부응하는 이론을 지속적으로 구체화해 나간다.

② 합동작전부대를 핵심으로 하는 네트워크 중심작전의 이론을 발전시키는 데만 국한하지 않고 전체 군대 차원에서 네트워크 중심전의 구현을 위하여 요구되는 개념과 능력을 개발하고 적용한다.

③ 군사력들을 네트워크로 더욱 신속하게 연결해 나간다. 각 군종별로 예하부대들을 연결하는 것이 아니라 전략적, 작전적, 전술적인 모든 수준에서 합동 차원에서 부대와 군사력을 연결시킨다.

④ 네트워크 중심전 개념에 의하여 개발된 새로운 시스템, 개념, 능력들은 가능하면 조기에 전투부대 및 전투지역에 배치한다. 이로써 필요시에는 배치된 새로운 시스템을 적극적으로 활용하고 야전에서의 적용을 통하여 발전소요를 도출한다.

⑤ 앞으로 발전될 더욱 진보적인 네트워크 중심전에 관한 개념과 능력에 관해서는 적극적인 실험을 실시함으로써 시행착오의 가능성을 줄여 나간다. 특히 합동 차원에서 이러한 실험을 강화한다.

⑥ 명칭과 방식은 어떠하든 상관없이 세계의 다른 우방국도 네트워크 중심전을 구현하려고 노력할 것이기 때문에 그들과의 협력을 강화하고 연합작전을 수행하는 데 대두될 수 있는 문제점을 예측하고 해결해 나간다.

⑦ 네트워크 중심전에 대한 교리 그리고 세부적인 '전술전기 및 절차(Tactics, Techniques and Procedures)'를 발전시켜 나가며 이들은 다른 국가와의 연합작전에서도 적용될 수 있어야 한다.

미국은 현재 네트워크 중심전의 이론적 발전을 위하여 국내 및 국외에서의 토의를 활성화하고 다양한 사례연구를 통하여 네트워크 중심전 개념의 타당성과 구체적인 수행방법을 발전시키고 있다. 2004년까지 공대공 작전, 지상기동작전(Stryker 여단), 이라크전에서의 미군과 영국군 간의 연합작전, 특수전, 다국적 작전(나토), 아프가니스탄에서의 해군작전 등에 대한 사례연구를 완료하였고 추가적으로 다양한 사례연구를 실시하거나 계획하고 있다. 그리고 실전이나 훈련에서 네트워크 중심전의 성과를 측정할 수 있도록 기준을 발전시켜 나가고 있다.

이외에도 미군은 군수 분야에서도 '감지 및 대응 군수(Sense and Respond Logistics)'라는 목표하에 네트워크를 통한 적시, 적소, 적량 군수를 실현하려고 노력하고 있고 간부들에게 네트워크 중심전에 대한 교육을 강화하고 이의 구현에 필요한 군대 문화를 육성해 나가고 있다. 합동 차원에서 공통작전상황도(CROP: Common Relevant Operation Picture)를 개발하고 있고 유사시 전투사령부에 합동작전의 계획과 수행을 지원하기 위한 상설합동군본부(SJFHQ: Standing Joint Forces Headquarters) 개념을 발전시키고 있는 등 네트워크 중심전의 구현을 지원할 수 있는 다양한 조치들을 개발하거나 구현해 나가고 있다.

## 나. 기타 국가

미국을 제외한 국가들도 나름대로는 정보화 시대의 전쟁에 대비할 수 있도록 네트워크를 통하여 군사력을 연결하려는 구상을 보유하고 노력하고 있다. 그러나 아직은 네트워크 중심전의 개념이 명확하지 않고 상당한 기술적 및 재정적 지원이 보장되어야 하기 때문에 적극적으로 추진하고 있는 국가는 많지 않다. 나토는 2003년 11월에 네트워크 중심전보다는 다소 제한된 개념이라고 할 수 있는 '네트워크에 의해 지원되는 나토의 능력(NNEC: NATO Network Enabled Capability)'이라는 이름으로 연구에 착수하였으나 아직은 탐색단계라고 할 수 있고 나토 국가 중에서 스웨덴, 덴마크, 노르웨이, 영국 등이 다소 적극적인 태도를 보이고 있다.

나토 이외의 국가 중에서 네트워크 중심전에 대한 토의에 적극적으로 참가하고 있는 국가는 호주다. 호주는 '호주방위군(ADF: Australian Defense Force)'의 'Force 2020'이라는 비전에 네트워크 중심전을 포함시키고 있고 현재 교전체계를 센서 및 지휘부와 연결할 수 있도록 네트워크를 설치해 나가는 과정에 있다. 그리고 무인항공기, 고주파 레이더, 우주기반 감시체계, 무인지상센서 등을 중심으로 하여 센서 기술을 개발하고 있고 네트워크화됨에 따라서 수반되어야 할 교리, 교육, 훈련의 문제를 검토하고 있으며 방위산업체와의 협력을 통하여 기술적인 혁신과 변화를 가속화하고 있다.

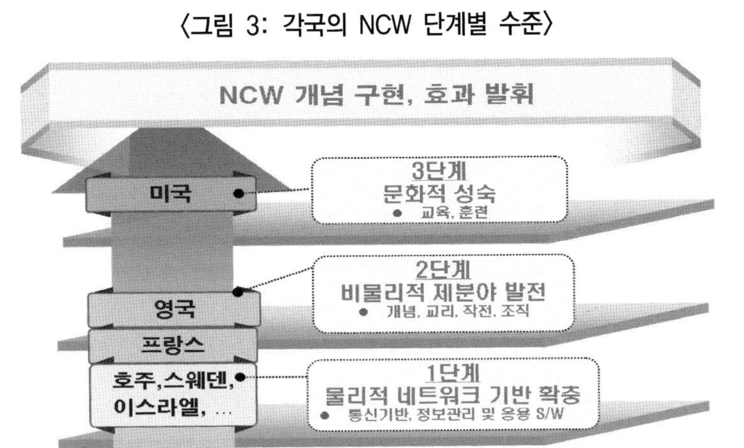



출처: 김윤태(2005), "NCW 개념과 한국군 적용방안", 한국국방연구원, p.21.

## ■ 네트워크 중심전의 한국군 적용방안

현대의 군대가 정보화 시대에 적응해 나가거나 정보화의 이점을 극대화하는 데 있어서 네트워크 중심전은 유용한 개념이기 때문이다. 그리고 네트워크 중심전이라는 용어를 사용하든 사용하지 않든 간에 모든 군대들은 네트워크를 통하여 군사력 간의 연결을 강화해 나갈 것이다. 이에 따라 미래 군대의 제반 교리도 네트워크 중심전을 반영하게 되고 군대의 구조상에 있어서도 수직적 계층보다는 수평적 조합이 보편화될 것이며 교육훈련, 물자, 인적자원, 간부계발 등 전투발전의 모든 분야에 있어서 그에 부합되는 변화가 수반될 것이다.

한국군의 입장에서는 무엇보다 네트워크 중심전에 대하여 미국을 중심으로 하여 추진하고 있는 방향과 현황을 정확하게 파악하는 바탕 위에서 네트워크 중심전에 대한 자체 연구를 강화하고 우리의 상황과 여건에 부합되는 네트워크 중심전의 개념과 추진방향을 정립한 후 실질성에 중점을 두어 실천해 나가야 한다. 즉 ① 한국군의 여건에 부합되도록 포괄적인 수준에서 네트워크 중심전의 목표와 개념을 설정하고 ② 네트워크 중심전 구축을 위한 무기, 장비 및 기술 소요를 구체화하며 ③ 그러한 소요를 효과적으로 획득할 수 있도록 제도적 기반을 강화하고 ④ 전투발전의 모든 분야에 걸쳐 네트워크 중심전 구현을 이한 방법을 강구하고 ⑤ 네트워크 중심전의 구현을 위한 종합 추진 기구를 구성할 필요가 있다.

나아가 더욱 중요한 것은 컴퓨터 기술에 바탕을 둔 네트워크를 통하여 군사력을 연결하는 것으로 좁게 네트워크 중심전을 인식하는 데서 벗어나 미래전 대비 및 수행의 기본방향을 탐구하는 화두로서 네트워크 중심전에 대하여 진지한 토의를 진행할 필요가 있다는 것이다. 네트워크 중심전은 군사력의 체계적 연결을 통하여 제한된 능력을 극대화할 뿐만 아니라 새로운 차원의 집중과 분산을 가능하게 하는 개념이기 때문이다. 따라서 명칭과는 상관없이 네트워크를 통하여 연결된 군사력을 가장 효과적으로 운용할 수 있는 한국군 나름의 작전수행개념을 발전시키고 이를 중심으로 전체 군대의 상호 운용성과 효율성을 강화할 수 있어야 한다. 동시에 네트워크 중심전을 수행할 수 있도록 장병들의 의식과 군대의 문화를 변화시켜 나가야 한다. 합동작전을 수행할 수 있는 의식이 함양되어 있지 않거나 권한의 위임이 생활화되어 있지 않거나 수평적 조직관계를 받아들일 수 있는 문화가 형성되지 못하면 네트워크 중심전의 모든 체계가 구비되어 있다고 하더라도 진정한 네트워크 중심전을 수행할 수는 없기 때문이다. 오히려 기술과 장비는 다소 미흡하더라도 네트워크 중심전에 필요한 의식과 문화가 형성되어 있다면 네트워크 중심전의 수행은 가능하다. 따라서 모든 장병들의 의식과 군대문화를 현대의 정보화 시대에 부응하고 네트워크 중심전을 수용할 수 있는 방향으로 전환시켜 나갈 필요가 있다.

* 출처: 박휘락(2005), "한국군 작전술 적용방안", 국방대학교, pp.121－143. 요약

이런 효과 외에도 미 합참은 합동비전 2010/2020에 장차전을 네트워크 중심전(NCW, Network-Centric Warfare)18)으로 판단하고 '정보우위'(Information Superiority), '우세한 기동'(Dominent Maneuver), '정밀교전'(Precision Engagement), '집중적 군수지원'(Focused Logistics), '합동방호'(Full-Dimensional Protection) 등을 미래의 합동전장운영개념으로 설정하고 있다. 네트워크 중심전은 센서(Sensors), 의사결정자(Decisionmakers) 및 타격요소(Shooters)들을 네트워크로 연결하여 상황인식의 공유, 지휘 속도의 증가, 고도의 작전템포, 치명성의 강화, 생존성의 증대 및 자체동시통합을 달성함으로써 전투력을 증대시킨다. 본질적으로 그것은 전장 내에서 우군들을 효과적으로 연결시키고 상황에 대한 정보공유를 향상시키며 군사적전의 모든 수준에서 신속하고 효과적인 결심을 가능하게 하고 작전수행의 속도 증대시킴으로써 정보의 우위를 전투력으로 전환시키는 것이다.19)

---

18) 네트워크 중심전은 미국의 사회적 변화를 군에 적용시키고자 하는 노력을 배경으로 하고 있다. 네트워크 중심전이라는 용어를 확산시키는 데 주도적인 역할을 한 세브로스키와 가르스트카에 의하면, 미국사회는 ① 플랫폼(Platform)에서부터 네트워크로 초점이 전환되었고, ② 독립된 개체로 인식하는 시각에서부터 지속적으로 진화하는 생태계를 구성하는 부분으로서 인식하는 시각으로 전환되었으며 ③ 변화하는 생태계에 적응하거나 생존하기 위한 전략적 선택들이 중시되고 있다는 것이다. 따라서 군도 사회의 한 부분이기 때문에 각 부대 및 무기체계 간의 연결을 중시해야 하고 이들의 개별적인 활동은 최소화한 채 연결된 전체 속의 부분으로 가능하도록 해야 하며 이러한 '전략적 선택'을 통하여 미래의 변화되는 전쟁환경에 적응해 나가야 한다는 것이다. 즉 네트워크중심전은 정보화 시대 전쟁이 내포하고 있는 복합적인 상황에 적용하거나 그러한 상황을 효과적으로 통제하기 위하여 불가피한 군대의 '전략적 선택'이라는 의미다.

19) Office of Force Transformation, 「*The Implementation of Network-Centric Warfare*」(Washington D.C., 2005), pp.4-5.

네트워크 중심전은 상호 정보공유와 상대적인 정보우위를 통해 전장상황의 인지능력을 제고시켜서 신속대응, 정밀파괴, 협동교전을 가능토록 함으로써 합동전투효과를 더욱더 극대화시킬 수 있다. 그런데 이렇게 복합적인 미래전장 환경에서 운용할 무기체계(네트워크 중심)를 생산해야 하는 전력증강관리체계가 특정 위협만을 기반으로 각 군별, 병과별 개별무기체계 소요를 도출한다면 많은 문제가 발생될 수밖에 없을 것이다.

<그림 1-8> 소요제기체계의 비교

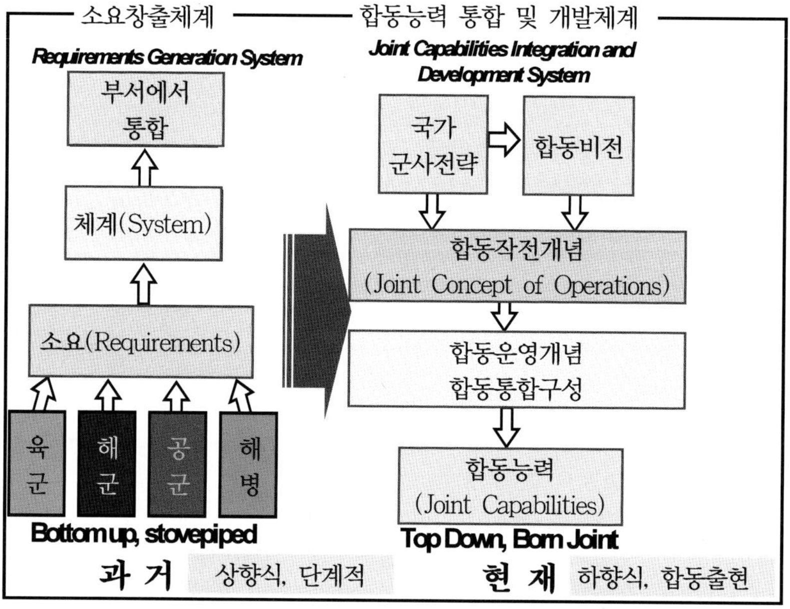

출처: U.S. DODI 5000.1 「*The Defense Acquisition System*」(12.MAY.03)

기존에는 소요가 <그림 1-8>의 과거 상향식 소요기획체계처럼 연통과 같이 하급제대에서 올라오는 형태를 취하고 있기 때문에 통합된 요구능력과 성능이 판단되지 않고 합동성과 상호 운용성을 보장할 수 없는 단일체계 관점에서 소요가 결정되므로 상부에서 요구하는 전투수행능력보다 하급제대의 편의성 향상 위주로 요구사항을 관리하게 된다. 이러한 전력증강관리체계의 문제점은 기획관리체계(PPBS) 측면에서는 전략기획 절차가 군사적 능력의 소요결정을 통제하지 못하고 있고 군사전략이 국방계획에 일관성 있게 통합되지 않는 데 있다. 획득관리 측면에서는 정책이 지나치게 관례적이고 획득환경이 효율성, 창의성, 혁신성을 유인하지 못하고 있으며 혁신적인 획득체계가 제도화되지 못하고 있다. 소요기획 측면에서는 목표분석과 의사결정을 위한 총체적인 구상이 결여되어 있으며 시스템이 분산 개발되고 통합되지 않는다. 무기체계 상호 간에 그리고 전투근무지원 측면에서 중복이 존재한다. 목표성능 100% 달성에만 노력하여 전력화 시기 지연에 따른 손실이 발생되고 혁신적 획득방법이 규정화되지 않아 핵심기술이 확보되어도 효율적인 조기 전력화 방안이 없다. 또한 기존 절차는 합동전투요구에 대한 우선순위를 부여할 수 없다. 이러한 문제들을 극복하기 위해 미 합참에서는 합동능력통합 및 개발체계[20] (JCIDS: Joint Capabilities Integration and Development Systems)를 채택하게 되었다.

---

[20] JCIDS(Joint Capabilities Integration and Development Systems): 미 합동능력통합 및 개발체계는 장차 군사적인 위협에 대비 합동개념 중심의 능력식별 절차가 필요하여 도출된 지침으로 합동능력을 통합하는 절차와 무기체계를 개발하는 절차가 통합아키텍처를 이용해서 긴밀하게 이루어진다. 합동개념과 통합아키텍처가 개발되면 능력식별 방법은 상부전략 지침에서 도출되도록 한다. 이 지침에 기초하여 합동작전개념(JOpsC: Joint Operations Concepts)은 현재의 합동전력이 장차전에 어떻게 연결되는지를 표현한다. 합동운용개념(JOC: Joint Operating Concept, 즉 본토방위 등)과 합동기능개념(JFC: Joint Functional Concept, 즉 군수기능 등)의 지원은 능력묘사와 기반을 제공하고 그로부터 통합설계와 합동통합개념(JIC: Joint Integrating Concept)으로 발전되고 정의된다.

## 2. 무기체계 소요검증 방법

미래전의 특수성을 고려한 소요를 검증하기 위해서는 보다 과학화된 기법 및 인프라 구축이 요구된다. 미국에서는 전투실험의 필요성을 강조하여 각 단계별로 소요의 정확성을 분석하고 있다. 전력화지원요소는 주 장비와 팩키지 개념으로 고려된다.

정보화가 진전될수록 개별적인 체계들은 상호 연결되어 서로 간에 정보교환이 가능하게 되므로 체계의 상호 운용성이 매우 중요해진다. 복합체계 및 체계집단에서 상호 운용성을 미리 점검해 볼 수 있는 기회를 미군은 전투실험을 통해 가진다. 정보화의 진전과 신기술의 개발 능력의 증가는 조직 및 교리의 동시적 혁신으로 한층 증폭되고 있으며 전투실험을 통해 기술, 조직 및 교리는 동시에 시험할 수 있는 체계를 구축하고 있다. 여기서 전투실험의 개요 및 실험의 특성을 간략히 알아보면 다음의 내용과 같다.

### 가. 전투실험 개요

미군에 있어서 전투실험의 정의 및 역할은 다양하다. 미군은 전투실험(Warfighting experiments)을 미래운용능력에 함축되어 있는 신기술, 미래무기체계, 신교리 및 조직에 대한 개념을 합리적, 과학적, 경제적으로 검증하기 위한 수단으로 활용한다. 즉 전투실험을 통해서 기존의 전투발전요소가 아닌 새로운 전투발전요소교리, 조직, 교육훈련, 장비, 리더십, 인력, 시설(DOTMLPE)[21]의 변화에 대한 가능성을 검

---

21) 미군의 경우에는 소요를 교리, 조직, 훈련 및 교육, 장비, 리더개발, 인력, 시설(DOTMLPE: Doctrine, Organization, Training and Education, Material, Leader development, Personnel, and Facilities) 분야로 분류하고 있다.

토하는 것이다.

미군은 전투실험을 개념개발과 소요제기의 필수적 과정으로 인식하면서 21세기 미래전 수행을 위해 요구되는 능력을 충족하는 대안을 부단히 창출하고 전투실험을 통하여 이를 검증하고 있다. 즉 비전을 능력으로 구현하는 핵심적 도구이며 기술의 군사적 효용성과 성숙도를 검증하는 유용한 수단으로 전투실험을 적극 활용하고 있는 것이다. 이러한 전투실험을 통해 첨단의 군용 및 상용 기술을 실험할 수 있고, 획득 기간을 단축시킬 수 있으며 기술발전을 적기에 활용하면서 상호 운용성[22]도 검증할 수 있다.

〈그림 1-9〉는 새롭고 혁신적인 기술·장치·무기, 교리, 조직에 대한 가설, 개념 및 아이디어와 같은 '이론'을 검증하고 평가함으로써 이러한 개념과 아이디어를 소요제기로 이어주는 '실제'로의 이행을 촉진시키는 전투실험의 위상을 보여준다.

---

22) 상호 운용성(Interoperability)이란 서로 다른 군, 부대 또는 체계 간 특정 서비스, 정보 또는 데이터를 막힘없이 공유, 교환 및 운용할 수 있는 능력 혹은 시스템이 다양한 다른 시스템들과 쉽게 조화롭게 기능할 수 있다는 것을 의미한다. 상호 운용성에 관한 뛰어난 글은, Anthony W. Faughn, *Interoperability: Is it Achievable(Draft)*, Center for Information Policy Research, Harvard University, April 2001을 참조.

### 〈그림 1-9〉 미군 전투실험의 위상

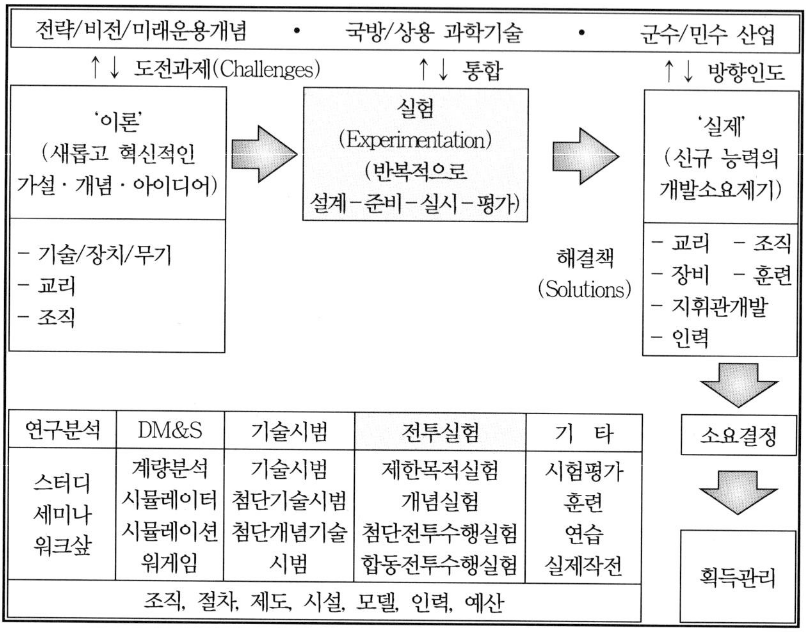

| 전략/비전/미래운용개념 • | 국방/상용 과학기술 • | 군수/민수 산업 |
|---|---|---|
| ↑↓ 도전과제(Challenges) | ↑↓ 통합 | ↑↓ 방향인도 |



| 연구분석 | DM&S | 기술시범 | 전투실험 | 기 타 |
|---|---|---|---|---|
| 스터디<br>세미나<br>워크샾 | 계량분석<br>시뮬레이터<br>시뮬레이션<br>워게임 | 기술시범<br>첨단기술시범<br>첨단개념기술<br>시범 | 제한목적실험<br>개념실험<br>첨단전투수행실험<br>합동전투수행실험 | 시험평가<br>훈련<br>연습<br>실제작전 |

조직, 절차, 제도, 시설, 모델, 인력, 예산

출처: 교육사, 「미래전력 창출을 위한 전투실험」(2006), p.7.

전투실험은 공학적 실험방법[23]을 전투발전 분야에 적용하는 방법론을 말하는데 공학적 실험을 통해 계량 가능하고 재생 가능한 결과를 얻기 위해 통제와 변수를 엄격히 관리하는 과학적 방법의 원리를 반복적으로 활용하는 접근 방법이다. 이 방법을 통해 미래작전능력을 현저히 향상시킬 수 있으며 주 장비 및 전력화지원요소 체계에 대해 검증할 수 있다.

---

23) 공학적 실험방법이란 계량 가능하고(quantifiable) 재생산 가능한(repeatable) 결과를 얻기 위하여 통제(controls)와 변수(variables)를 엄격히 관리하는 과학적 방법(scientific method)의 원리를 반복적으로 활용하는 접근방법을 말한다.

전투실험은 설계, 준비, 실시, 평가하는 절차를 반복한다. 〈그림 1-9〉와 같이 간단한 이벤트로부터 복잡한 이벤트까지, 또한 단기간부터 몇 년간의 장기간까지 여러 가지가 있다. 하나의 이벤트로 구성되는 실험도 있지만 통상 장기간이 걸리는 실험 등은 여러 가지 이벤트로 구성된다. 각종 이벤트를 통해 주제에 대한 이해와 지식을 향상시키거나 시뮬레이션에 의한 전장환경을 구성하거나 첨단전투수행실험(AWE: Advanced Warfighting Experiment)과 같은 실험을 통해 장차 능력을 개선하거나 비용을 개선하는 실험을 하고 있다.

전투실험을 통해 야전에서 요구하는 성능개량이나 교리, 편성, 교육훈련, 종합군수지원 등의 소요를 검증한다.

### 나. 전투실험 특성

전투실험은 혁신적 비전, 개념 및 아이디어를 과학적 방법으로 검증, 새로운 능력소요를 전환시키는 교량적 역할을 수행한다. 이러한 전투실험을 실시하는 데 주는 이점을 전투실험이 적용되는 제 분야와 그 기능 및 세부적인 역할 구분을 중심으로 보다 구체적으로 설명하면 다음과 같다.[24]

### 1) 미래 전쟁수행 개념의 분화 및 검증

전투실험을 통하여 전쟁수행개념을 세분화하여 발전시키는 동시에 각 수준의 개념을 검증하여 교리 및 TTP의 발전을 가져온다.[25] 무

---

24) 교육사, 「미래전력 창출을 위한 전투실험」(2006), pp.13-37. 내용을 요약한 것.
25) 개념, 전쟁수행개념(또는 전장운영개념), 미래 전쟁수행개념, 미래전 개념 등은 장기(10-15년까지) 내지는 초장기를 대상으로 구성된 싸우는 방법을 말한다. 이것이 검증되어 현재 및 미래 5-7년 정도까지 유용한

엇보다도 전투실험의 큰 장점은 새로운 개념뿐만 아니라 새로운 구조 및 편성, 새로운 기술(무기 · 장비 · 물자 등)을 종합적으로 동시에 검증하여 상호 작용을 이해하고 적절히 조정할 수 있는 것이다. 이러한 신기술 적기에 도입하려면 전투실험을 통해 기술적 가능성을 확인함으로써 기술적으로 실패할 확률적 위험성을 줄이며 또한 기술의 군사적 효율성이 입증하여 효율적으로 수행하고 그 효과를 보장될 수 있다.

### 2) 합리적이고 과학적인 소요결정 지원

전투실험은 획득관리의 혁신에도 크게 기여한다. 우선 획득체계의 최초단계에 해당하는 소요결정[26]에 전투실험이 필요하다. 미래의 전쟁 수행개념체계를 구성하는 한 요소이기도 한 미래 적전요구능력(FOC)은 전쟁수행개념에서 염출되며 이러한 미래 적전요구능력을 보다 구체

---

개념으로 입증되면 교리 및 TTP화된다고 할 수 있다. 따라서 교리는 공인되어야 하며 권위를 가진다.

[26] 소요(Requirements)란 현 요구능력과 요구능력 사이의 격차(gap)를 해소하기 위하여 전력화가 요청되는 내용을 말한다. 미군의 경우에는 소요를 교리, 조직, 훈련 및 교육, 장비, 리더개발, 인력, 시설(DOTMLPE: Doctrine, Organization, Training and Education, Material, Leader development, Personnel, and Facilities) 분야로 분류하고 있으며 특히 무기체계 및 장비 분야의 소요를 충족하는 과정을 획득(acquisition)이라 한다. 미군은 격차를 해소하는 소요를 창출할 때 그것을 충곡하기 위하여 필요한 비용과 시간을 고려하여 D-T-L-O-P-M 순으로 검토하도록 하고 있다. 즉 전통적으로 비용과 시간이 가장 많이 소모되는 무기체계(Materiel) 대안은 가장 최후에 고려하여야 하며 소요제기서에는 반드시 나머지 분야로서는 격차를 해소할 수 없음을 보이도록 하고 있다. 우리 육군도 현재 전투발전 분야를 교리, 구조 및 편성, 무기 · 장비 · 물자, 교육훈련, 인력, 간부개발, 시설 등 7개로 분류하고 있다. 따라서 미군의 M은 무기 · 장비 · 물자로 번역하여야 올바른 번역이라 할 것이다.

적으로 검증하여 무기·장비·물자의 소요를 제기하는 과정에서 검증을 위한 주요 수단이 전투실험이다. 이러한 소요는 주로 신기술 및 작전운용성능(ROC)[27]과 관련되며 미래의 개념과 구조 및 편성 신기술을 동시에 고려하는 전투실험을 통하여 보다 합리적이고 과학적인 ROC를 설정할 수 있다.

### 3) 전통적인 획득절차에서의 기간단축 추진

전투실험은 소요결정뿐만 아니라 획득 과정에서도 중요한 역할을 한다. 전통적인 획득 과정을 보면 국내 연구개발의 경우, 최초 ROC결정－핵심기술 및 부품개발－체계개발－초도생산－양산－야전배치 등이다. 핵심기술 및 부품개발은 다시 기초연구－응용연구－시험개발 과정을 거치며, 여기서 확보된 핵심기술과 부품이 있어야 체계개발에 돌입할 수 있다. 물론 기술이 확보된 경우 이 과정을 생략하고 곧장 체계개발에 들어갈 수도 있다. 체계개발은 다시 선행연구－탐색개발－체계개발 과정을 거치며 매 단계마다 시험평가[28]를 실시하여 다음 단계로의 진입 여부를 결정한다. 따라서 전투실험은 매 단계마다 개발 중인 시제품을 사용하여 전투수행개념과 구조 및 편성을 동시에 고려하

---

27) 작전운용성능(Required Operational Capability)이라 함은 무기체계의 운용개념을 충족시킬 수 있는 성능과 능력을 제시한 것으로서 무기체계의 개발 및 획득에 있어서 가장 중요한 요소이고 연구개발 또는 국외도입 무기체계의 획득을 위한 시험평가의 기준으로 활용된다. 이는 주요 작전운용성능과 기술적·부수적 작전운용성능으로 구별된다.

28) 시험평가(T&E, Test and Evaluation)는 특정 무기체계가 기술적 측면 또는 운용 관리적 측면에서 소요제기서에 명시된 제반 요구조건을 충족하는가 여부를 확인, 검증 및 실험하는 절차다. 시험평가의 종류에는 요구성능에 대한 기술적 도달 정도에 중점을 두는 개발시험평가(DT, Development Test)와 요구성능 및 운용상의 적합성과 연동성에 중점을 두는 운용시험평가(OT, Operation Test)가 있다.

면서 합리적인 ROC를 재설정하고 동시에 그에 부합되도록 개념과 편성을 변화시키는 역할을 담당함으로써 체계개발을 촉진하여 획득기간을 단축시킬 수 있다.

### 4) 제2의 획득절차로서의 역할

미군의 경우 전통적인 획득절차에 의한 획득이 적합한 체계가 있고 그렇지 못한 체계가 있다는 인식하에 새로운 획득절차를 고안해내고 있다. 먼저 새로운 기술을 개발하는 선형적인 절차가 필요 없는 경우로서 이미 성숙된 기술이 풍부하다면 신체계의 아이디어에 따라 곧바로 단기간 내에 체계개발을 하고 그것의 군사적 유용성을 기술시범(Technology Demonstration)[29]을 통하여 입증함으로써 그대로 실전배치 또는 단기간의 추가적인 노력 후에 양산에 들어가는 절차를 가동하고 있다. 또한 새로운 기술이 완전히 숙성되지는 못하였지만 그 기술을 이용하여 새로운 능력을 보유하는 것이 중요할 경우다. 이 경우는 비록 완벽하지는 못하지만 야전에서 사용할 수 있는 새로운 능력을 먼저 배치하고(이러한 최초 배치 모델을 통상 'Block I'이라 한다), 획득 여건

---

29) 기술시범은 체계의 시제품 또는 완성품을 필요한 만큼 개발 및 제작하는 활동에 더하여 전투실험의 모든 요소를 포함한다. 즉 개발품을 사용하여 실전과 유사하거나 동일한 상황에서 개발품의 군사적 유용성을 입증하는 전반적인 시범 및 실험이 이루어진다. 미군의 경우 첨단 개념 기술시범(ACTD: Advanced Concept Technology Demonstration)을 잘 활용하고 있다. ACTD란 숙성된 첨단 신기술과 미래전에서 요구되는 새로운 운영개념을 연계시켜 단기간에 시제품을 제작하여 기술시범 후 전력화 여부를 판단하는 절차로서 미군의 경우 새로운 능력을 조기에 군으로 전환시키는 주요 메커니즘 역할을 해 오고 있다. 미국은 1994년부터 ACTD를 착수하였으며 이를 통하여 민간 및 연구기관에 있는 기술을 가능한 한 신속하게 그리고 저렴하게 전투원의 손으로 전달할 수 있었으며 개발자와 운용자 간에 밀접한 협력을 중시하였다.

과 기술의 진보에 따라 계속 Block Ⅱ, Block Ⅲ 모델을 지속적으로 개선하거나 개발하여 배치하는 절차를 따른다. 이를 위하여 각 Block마다 기술시범이 병행되기도 하고 또는 전투실험을 단계적으로 점증적으로 반복하면서 점차 기술, 교리, 조직의 복잡도를 높여가는 이른바 나선형 개발(Spiral Development)[30] 방식을 채택하기도 한다. 이러한 획득 방식을 미군은 진화론적 획득(Evolutionary Acquisition)[31] 이라 부르고 있다.

---

30) 나선형 개발이란 과거 1회에 완전한 성능을 달성하고자 노력하는 대신에, 야전에서 사용 가능한 일정한 수준의 제품을 먼저 만들기 위하여 제작(build) – 시험(test) – 수정(fix) – 시험(test) – 제작(build)하는 과정을 반복하면서 체계 및 소프트웨어에 대한 지속적인 성능 향상을 가져오는 개발전략을 의미한다. 나선형 개발은 점진적 획득을 지원한다. 이러한 "나선형 개발전략을 가장 잘 구현하는 방법이 반복적인 전투실험이다. 특히 기술의 발전속도가 혁명적인 정보기술 분야에서는 이러한 접근이 필수적이다. 그리고 대담하고 혁신적인 첨단체계를 개발하기에는 전통적인 획득절차가 매우 비효율적이라는 판단에서 추진하는 전략이기도 하다. 또한 나선형 개발은 변화의 효과를 포착하고 조성되고 통제된 환경 내에서 구석구석의 변화와 파급효과를 예측하며 이를 제3의 효과로 조정해 나가는 변증법적 방법론을 적용함으로써 비전, 개념, 미래 작전요구능력, 실험, 소요 반영, 전력화 야전배치를 가속화하여 시간 장경을 단축할 수 있음.
31) 미국 획득관리 시스템(DoDD 5000. 1)의 개념으로 소요군이 최종목표로 요구하는 수준을 충족한 체계를 개발하여 전력화 요구수량 전량을 일괄 개발·생산·배치하는 것이 아니라, 가용 기술수준을 고려하여 우선은 소요군이 운용할 수 있는 초기버전(블럭)을 개발·배치하고, 계속하여 급속히 발전하는 기술수준 향상을 고려하여 후속버전을 개발·배치하는 전략임. 초기 블록은 60~80% 수준으로 개발하고, 차후 블록에서 바람직한 능력으로 완성하는 개념임.

## 《 진화론적 획득, 나선형 개발 및 기계획된 제품개선 》

진화론적 획득(Evolutionary Acquisition: EA) 및 나선형 개발(Spiral Development: SD)은 획득주기를 단축시키고 전투원에게 고등능력의 전달촉진을 가능하게 하는 방법이다. 이 접근은 하드웨어와 소프트웨어 모두에 입증된 기술을 개발하고 야전에 배치시키기 위한 것이다. 진화론적 획득과 나선형 개발은 시간이 지남에 따라 새로운 기술과 능력의 삽입을 허용한다.

이 접근은 능력에서 지속적인 개선을 제공하면서 전투원에게 재빨리 고등기술을 얻도록 하는 가장 좋은 수단을 제공한다. 진화론적 획득과 나선형 개발은 사전 계획된 제품개선(P3I)과 유사하지만 그것은 조금 이른 전달(Delivery), 기민성(Agility), 가용성(Affordibility) 그리고 위험 감소(Risk reduction)를 위한 상쇄로서 완전한 소요(Full requirement)에 미치지 못하는 초기능력을 전투원에게 제공하는 데 초점을 둔다.

### ■ 진화론적 획득

진화론적 획득은 작전능력의 소프트웨어 증분(increment) 또는 블록(block)의 초기 소프트웨어를 정의·개발·생산·획득하여 야전에 배치하는 획득전략이다. 그것은 적절한 환경, 시차별 소요 그리고 입증된 제고 및 소프트웨어 배비능력에서 충분히 입증된 기술에 토대를 둔다.

이러한 능력은 대단히 짧은 시간에 제공될 수 있으며 시간이 지남에 따라 뒤이어 개선된 기술을 받아들이고 완전하고 적응력이 있는 체계를 고려하는 능력증분이 잇따른다. 각 증분은 사용자에 의해 규정된 군사적으로 유용한 능력을 충족시킬 것이다. 그러나 첫 증분은 바람직한 최종 능력의 단지 60~80% 정도만을 제시할 것이다.

## ■ 나선형 개발

나선형 개발방법은 하나의 증분 내에서 능력의 규정된 세트(set)를 개발하기 위한 반복적인 과정이다. 이 과정은 사용자, 시험자 그리고 개발자 사이의 상호 작용을 위한 기회를 제공한다. 이 과정에서 소요는 실험 및 위험관리를 통해 세련되게 된다. 지속적인 환류(Feedback)가 있으며 사용자는 점증 내에서 가능한 한 최상능력을 제공받게 된다. 각 점증은 수많은 나선형을 포함할도 모른다. 나선형 개발은 진화론적 획득을 집행한다.

## ■ 증분 또는 블록

증분 또는 블록은 효과적으로 개발·생산·획득·배비되고 지속될 수 있는 군사적으로 유용하고 지원가능한 운용능력이다. 능력의 각 점증은 사용자가 설정한 그 자체의 목표치와 최저치 수준을 가지고 있다.

## ■ 사전 계획된 제품개선(P3I)

사전 계획된 제품개선은 성숙된 체계에 개선된 능력을 제공하는 전통적인 획득전략이다.

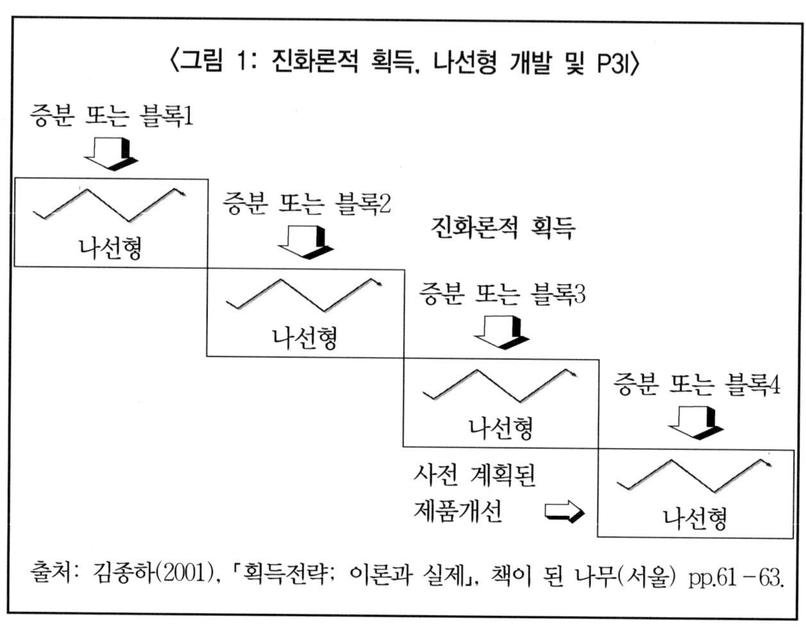



출처: 김종하(2001), 「획득전략: 이론과 실제」, 책이 된 나무(서울) pp.61-63.

〈그림 1-10〉 미군의 나선형 개발개념에 입각한 전투실험과정

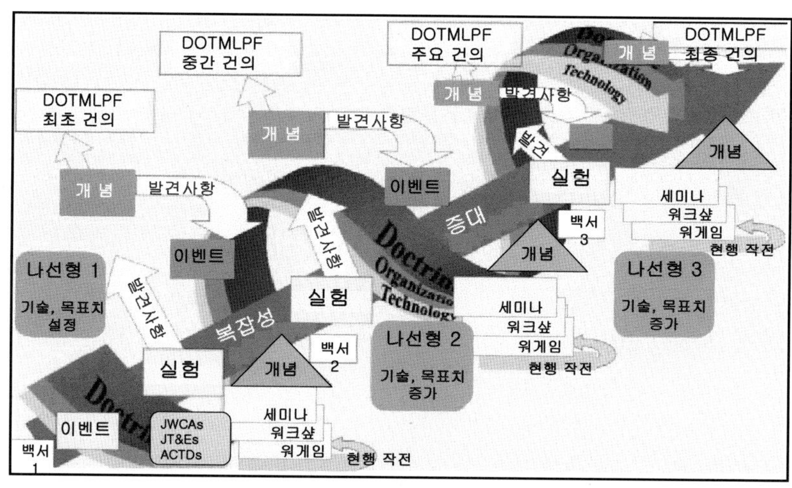



출처: 교육사, 「미래전력 창출을 위한 전투실험」(2006), p.42.

## 5) 획득비용 축소에 기여

전투실험은 획득과정에서 기간 단축 및 비용절감을 위한 전략의 구현에 유용한 수단이 되고 있다. 미군의 획득전략[32]에는 기술시범, 전투실험, 나선형 개발, 상용기술 활용 등이 포함되며 기술시범 및 전투실험과 나선형 개발에서도 상용기술을 적극적으로 활용할 것을 권장하고 있다. 상용기술은 이미 숙성된 상태에 있으므로 개발기간과 비용이 절약되는 이점이 있기 때문이다. 미국은 기술시범, 나선형 개발, 전투실험에서만 상용기술의 적극적 활용이 강조되고 있다.

### 다. 국방획득 업무와 전투실험

전투실험의 기능을 국방획득 업무와의 연관성 속에서 접근해 보면서 전투실험의 폭넓은 영역에 대한 이해를 돕고자 한다.

2006년 1월 방위사업청의 출범[33]은 국방획득 환경 변화를 일으키는

---

[32] 기간 단축 및 비용절감을 목표로 하는 미군의 획득전략의 기본개념은 진화론적 획득과 사용기술 활용이며 보다 세부적으로는 기술시범, 전투실험, 신속획득제도(WRAP: Warfighting Rapid Acquisition Program), 나선형 개발, 민수-군수통합, 오픈시스템접근(Open System Approach), 독립변수로서의 비용개념(CAIV: Cost As and Independent Variable) 등을 들 수 있다. 미국은 이러한 전략을 구현하기 위하여 소요결정 및 획득관리 전반에 걸쳐서 정책, 제도, 절차, 관련조직, 인력의 전문성을 획기적으로 그리고 지속적으로 개혁하고 있다.

[33] 방위사업청은 방위사업법에 근거하여 2006년 1월 4일부로 개청되었다. 과거 조달과 획득 시스템의 문제개선을 위해 '효율성, 전문성, 투명성, 경쟁력의 제고'를 목표로 청장(차관급) 이하 청본부에는 정책홍보관리관, 획득기획국, 방산진흥국, 분석시험평가국을 예하 소속기관으로서는 사업관리본부, 계약관리본부, 전산정보관리소를 두고 있으며 출연기관은 국방기술품질원(과거 품질관리소), 국방과학연구소 등이며 방위사업법령 제정 및 통합사업관리 팀(IPT) 운영 등 획득업무의 획기적인 전환을 시

산물이다. 방위사업청 출범을 계기로 그동안 국방부, 합참 및 각 군에 분산되었던 획득 관련 조직이 방위사업청에 통합되었고 업무체계도 대폭 조정되었다. 변화된 획득업무 수행을 위한 각 군의 소요제기 관련조직이 개편되고 획득관련 규정 및 절차가 보완되는 등 과학적 소요제기를 위한 무기체계 획득환경의 패러다임이 선진 획득체계를 가지고 있는 미국처럼 근본적으로 전환되고 있다.

우리 군은 최근 국방개혁조치의 일환으로 군 전력화에 과학적인 검증절차가 시행되고 첨단 상요기술이 적용될 수 있는 제도 확립을 위해 전투실험을 획득단계 최초부터 적용하는 내용의 전력발전업무규정의 개정조치가 이루어졌고 합동비전 구현을 위한 다양한 노력이 진행되고 있다.

개정된 「국방전력발전업무규정」 내용을 살펴보면 제27조(신규전력소요 요청·제기 및 결정)에는 "중기전력을 소요요청할 때에는 과학적이고 합리적인 소요검증을 위해 비용 대 효과분석, 전투실험 및 특정연구 결과 등을 첨부하여 제출하는 것을 원칙으로 하고 장기전력소요 요청 시에는 필요시 첨부하여 제출한다."고 규정하고 제30조(중기전력소요요청서 작성)에 전력소요요청서의 한 항목으로 전투실험의 결과를 과학적 분석 및 검증결과로서 제출토록 규정하고 있다. 국방획득업무에 있어서 전투실험의 중요성과 필요성이 공식적으로 인정되고 제도화된 것이다.

합동참모본부는 국방개혁 과제 중 하나인 군 구조 개혁에 있어서 합동성 강화 추진계획의 핵심요소로 합동실험[34] 수행체계 정립 및 발

---

도하고 있다.

34) 합참은 합동실험을 "합동개념 및 작전요구 능력을 충족할 수 있는 합동 전투발전방향을 제시함으로써 그에 소요되는 적합한 무기체계 등 전력 소요 근거를 제공하는 것"으로 정의.

전을 위한 전담조직의 편성 등 실험을 통한 군의 과학화 방안을 활발히 추진하고 있다. 1998년 미 합동전력사령부가 합동 전투실험에 기반을 두고 반전시켜온 합동개념발전 프로그램을 모델로 미래 지향적인 합동실험 과제를 식별하고 실험조직 및 인력·장비, 시설 확충, 예산확보를 위한 계획을 수립하는 한편 합동군 상호 운용성 시범(JWD: Joint Warrior Interoperability Demonstration) 진행방안을 심층 연구하고 있다.

아울러 국방부 산하 연구기관 및 방위사업청과 국방 M&S[35]의 개발과 통합성 발휘문제 및 첨단개념기술시범(ACTD)[36] 시행방안 등을 협의하는 등 획득체계와 연계한 중·장기 합동실험 발전체계 구축을 위한 다각적인 노력을 경주하고 있다.

---

35) 국방 M&S는 국방 분야의 실제체계인 전장환경, 무기체계, 인간과 조직의 현상·절차·형태 등에 대한 수학적, 물리적, 논리적 표현을 개발하는 과정인 모델링(Modeling)과 이러한 모델링의 산물인 모델을 시간의 흐름상에서 시행하여 실제체계에 대한 교육훈련과 연구개발 및 분석수단으로 활용하는 시뮬레이션(Simulation)을 말한다. 국방 M&S를 구분하는 데 있어 모델링은 수학적 모델, 물리적 모델, 절차 또는 과정모델로 구분할 수 있으며, 시뮬레이션은 실기동훈련(Live), 워게임(Constructive) 가상현실세계(Virtual)로 구분할 수 있다. 국방 M&S는 국방획득, 전력분석 및 교육훈련 등 국방관련 전 분야에서 다양한 목적으로 활용되고 있는데 최근에 들어서 국방 M&S가 전투실험을 위한 수단으로서 광범위하게 활용되고 있다.
36) 첨단개념기술시범(ACTD: Advanced Concept Technology Demonstration)이란 성숙한 첨단기술의 군사적 효율성을 검증하여 성공 시 조기 전력화를 위한 시범으로 ACTD 그 자체는 획득 프로그램이 아니지만 사업 완료시의 가용한 잔여능력을 제공하고 획득 프로그램으로 전환하도록 고려된 프로그램임.

### 〈그림 1-11〉 국방 M&S 정의 및 적용 분야

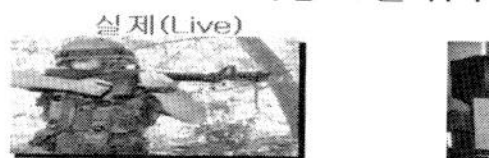

출처: 교육사, 「국방 M&S 교육자료」(2006) p.2, p.11.

국방 M&S는 소요기획단계에서 합리성·타당성 검증과 과학적인 사전분서으로 재원투자의 효율성을 보장하고 체계개발 단계에서는 개념구현을 위한 요소기술 구성품 선행개발이나 전구급 모의로부터 교전급 모의모델 등을 활용하여 개념에 대한 논리적 입증을 가능하게 해 줄 것으로 기대된다. 또한 체계개발 단계에서는 M&S를 활용한 설계로 설계위험 배제, 적합성 판단 등을 가능케 하여 향후 개발단계에서의 오류를 사전제거함으로써 연구개발 기간단축과 비용절감을 달성하고 체계개발 및 시험평가 단계에서는 각 구성품별 설계단계의 모의체계를 활용한 기술시험과 분석 또는 훈련모델을 활용한 완성품에 대한 운용시험을 통해 개발체계의 적합성을 평가할 수 있을 것으로 기대된다.

<그림 1 - 12> 국방 M&S 국내 활용현황

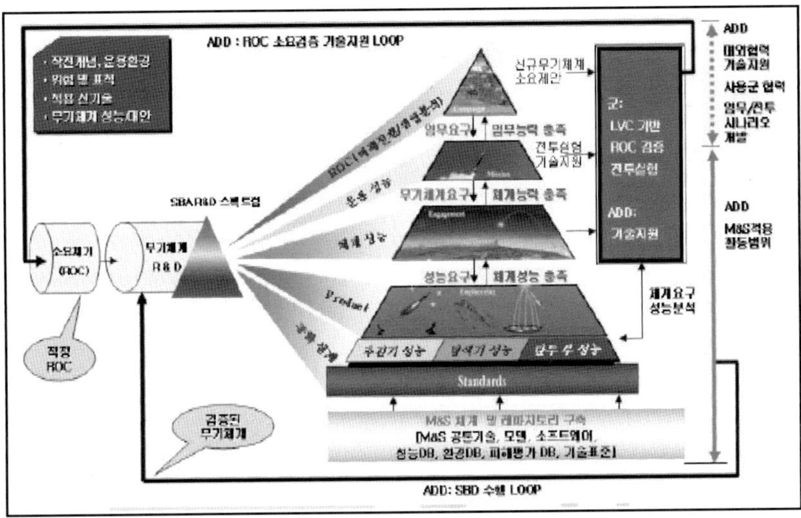


출처: http: //www.dapa.go.kr/open__content/internet/html/atg/hi__atg__007)
08.jsp(2006. 5. 11)

국방 M&S 정책은 전반적 국방환경의 변화를 고려하여 거시적으로 접근할 필요가 있다. 현재 우리 군이 2020년을 목표로 추진되고 있는 국방개혁을 성공적으로 추진하기 위한 방위력개선 재원이 많이 소요될 것으로 추정되기에 국방개혁을 성공적으로 추진하기 위해서는 보다 경제적이고 합리적인 군사력 건설 및 운용대안을 개발하여야 할 것이다. 이러한 관점에서 과학적이고 합리적인 소요검증체계와 연구개발 중심의 획득정책 패러다임의 변화를 획기적으로 뒷받침할 수 있는 M&S를 활용한 전투실험의 획득업무에의 적용은 매우 중요한 의미를 가질 수 있다.

<그림 1-13> 국방 M&S 발전 추진 개념

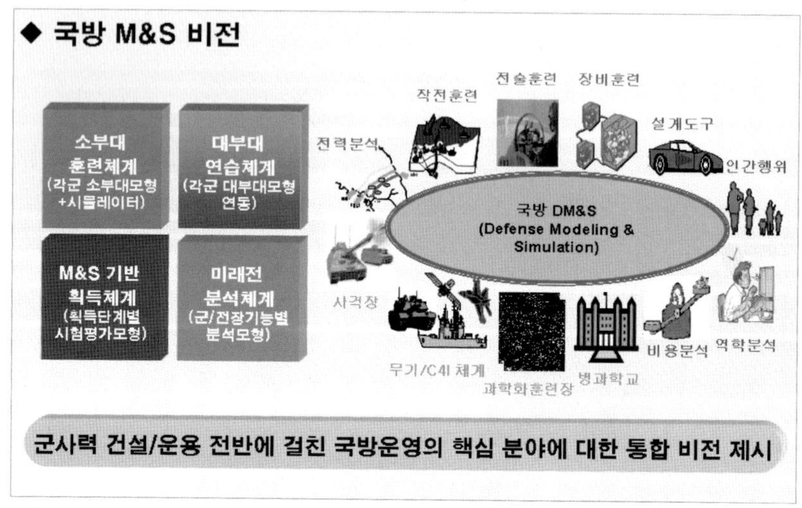


출처: 교육사, 「국방 M&S 교육자료」(2006), p.16.

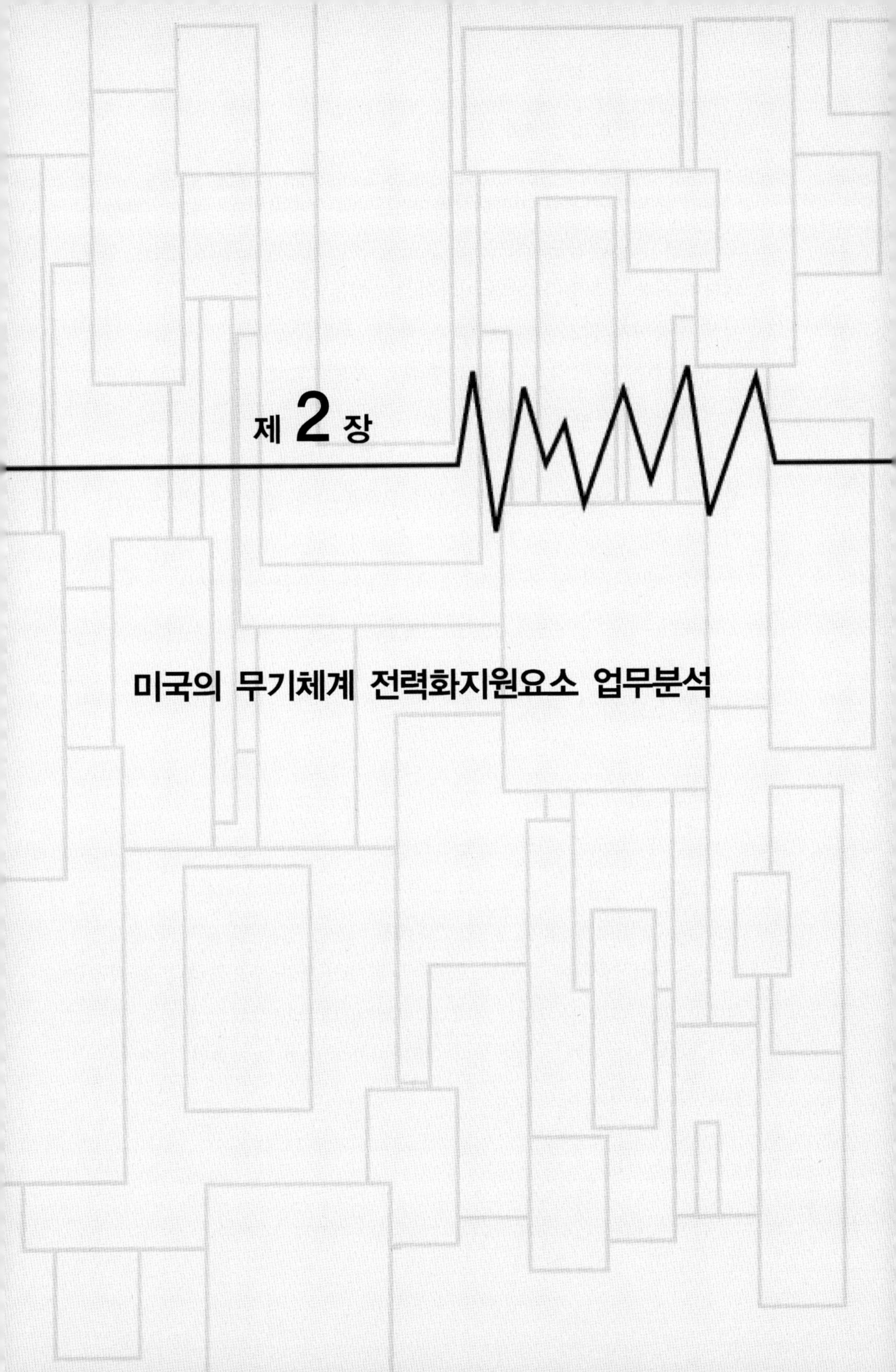



# 미국의 무기체계 전력화지원요소 업무분석

우리 군은 무기체계 전력화지원요소를 전투발전지원요소(교리, 편성, 교육훈련 등), 종합군수지원요소를 포함하여 '전력화지원요소' 일괄 정의하여 사용하고 있다. 반면 미국의 경우에는 '전력화지원요소'라는 용어를 사용하지 않고 전투발전요소, 종합군수지원을 별도 개념으로 사용하고 있다. 논제 전개 시 다소 혼란을 초래할 것으로 판단된다. 미국의 전력화지원요소 관련 업무를 분석함에 있어 전투발전요소(교리, 편성, 교육훈련)와 종합군수지원요소를 연구하였는데 특히 논제로 사용하고 있는 전투발전요소(교리, 편성, 교육훈련)와 종합군수지원요소가 미국의 국방부, 합참, 육군 측면에서 어떻게 적용되어 있는지를 소요제기 개요, 관련문서 및 조직 그리고 업무절차 순으로 살펴보았다.

## 제1절 소요제기 개요

### 1. 교　리

소요제기 결정은 소요제기된 요건을 구현하기 위해 비용과 시기의 적절성을 고려하여 교리, 훈련, 간부계발, 편성, 병사 및 물자의 순으로 한다. 미군에서는 그만큼 교리가 다른 요소보다 중요한 부분을 차지하고 있다. 교리는 과거, 현재 및 미래에 대한 종합적인 관점의 기초가 되는 사고체계로 발전되며 군사 지침에 따라 교리관련 야전 교범과 합참 문서로 발행된다.

### 가. 합참 교리 소요제기 처리과정[37]

1) 합동 교리 연구조(JDWP: Joint Doctrine Working Party)의 평가는 2단계로 이루어지는데 참여 인원은 육군, 해군, 공군 및 해병대 인원으로 구성되며 교육사는 육군을 대표한다. 1단계 프로젝트 제안은 각 병과장 혹은 합동참모본부에서 제안한다. 합동참모본부 작전계획상호 운용 부장(J-7)이 각 병과장의 소요제기를 확인하여 합동계획(JPD: Joint Program Directive) 수립을 시작한다.

2단계는 J-7이 각 병과장과 함께 합동계획 개발에 공식적으로 참여하며, 합동계획 개발은 프로젝트의 범위 일정 그리고 초안 개발 담당자를 포함하고 합동계획 개발이 결정되면 합참 교리 문서화를 위한 소요제기가 시작되고 주무부서가 선정된다. 주무부서는 각 병과장 혹은 합동참모부서가 될 수 있다. 합동계획 개발이 부결되면 합참 소요제기 결정과정이 진행되지 않는다.

2) 합동계획 개발이 결정되면 최초 검토위원회(PRA: Primary Review Authority) 및 기술 검토위원회(TRA: Technical Review Authority)가 설립되어 교범을 작성한다.

3) 합동출판물이 허가, 발간 및 배포된다.

### 나. 육군 교리 소요제기 처리과정[38]

1) 국가 군사전략, 방위 계획 지침, 합참 전투회의 및 합참 비전 2010 등의 지침을 이용하여 교육사가 육군의 대표로 참석하여 합참의

---

37) 이희각, 「전력소요결정과정」(서울: 무기체계 특화연구센터, 1999). pp.96 -99. 내용을 요약한 것임을 밝혀 둔다.
38) 윤현석, "무기체계 전력화지원요소 업무 개선방안 연구", (2003), pp.20 -21. 내용을 인용한 것임을 밝혀 둔다.

교리 개발에 참여한다.

2) 교리 개발자는 현재의 육군 및 합참교리를 연구, 분석, 검토 및 평가함으로써 육군 및 합참 교리 소요제기를 결정한다.

3) 교리 개발자들은 야전교범 100-5, 신기술, 현대전술, 신장비, 훈련 수행 및 결과를 평가하여 육군교리를 작성한다. 교리 개발자는 위의 요소에 대해 개발 중인 육군 및 합참개념, 과학기술 및 실험에 미치는 효과를 평가한다.

4) 소요제기 및 능력이 결정되면 해당 부서장은 분석을 수행할 담당자를 지정하며 담당사항은 상급부대로부터 지정될 수도 있고 각 병과 학교 수준에서 결정될 수도 있다. 육군교리 문서화를 위한 담당사항의 최종 결정은 교리 참모부장이 한다.

5) 육군 계획수립은 육군 소요제기를 확인하기 위한 문서다. 소요제기를 확인하기 위한 계획이 적합한 승인경로를 통해서 보고되면 육군 문서에 대한 결재권을 가진 담당자가 계획을 승인한다.

6) 결과 판정은 승인될 경우 교리 문서제작을 위한 요구결정과정이 교리로써 유효하게 되며 부결 시에는 교리 문서제작을 위한 요구결정과정이 진행되지 않는다.

교리는 합참과 육군 교육사에 의거하여 결정되게 되는데 이러한 과정하에서 반복하여 검토되며 교리 적용에 대해 충분한 고려가 이루어지게 된다.


## 2. 편 성


편성 소요제기는 창설부대 참고철개발, 창설부대설계, 편성장비표 개발과 같은 과정을 거치며 서로 연관된 과정들에 의해 문서화된다.

### 가. 창설부대 참고철[39]

조직은 전쟁수행 개념으로부터 시작된다. 이 개념은 제안되는 조직의 기초를 제공하고 창설부대의 임무, 기능 및 요구되는 능력에 대하여 기술되는데 미래작전능력 조직에 관련된 사항은 창설부대 참고철의 개발을 요구한다. 창설부대 참고철에는 인원수(장교, 부사관, 병)와 주요 장비 수는 가능한 한 정확하게 산정되어 검토 및 수정된다.

전투 개발자는 창설부대 참고철 결과를 종합하여 교육사령관의 승인을 득하고 교육사 본부로부터의 제반 방안에 대한 승인을 담당하고 교육사 본부 전투발전 참모부서는 전력구조, 창설부대 참고철과 창설부대 설계사항을 승인한다. 전투개발 참모부서 담당자는 부대배치 규정을 개발하고 부대 구조 인가에 대한 제한된 부대 변경의 효과를 지속적으로 검토한다.

<표 2-1> 창설부대 참고철 포함내용

> ▶ 업무 제목, 인력의 질 및 양에 의한 인적소요제기
> ▶ 주요 요구 장비명 및 개수
> ▶ 연관된 인력 및 장비소요제기에 의한 조직요소분석
> ▶ 창설 부대명, 구조설명, 임무, 업무, 과업, 가정, 제한사항, 기동소요제기 그리고 작전개념 등과 같은 관련정보

### 나. 창설부대 설계 과정[40]

창설부대 설계는 미래작전능력에 대한 구조적 해법과 교리, 훈련 등

---

39) 이희각, 전게서, pp.104-110, 요약.
40) 윤현석, "무기체계 전력화지원요소 업무 개선방안 연구", (2003), p.22, 내용을 인용한 것임을 밝혀 둔다.

에 대한 개선사항이다. 창설부대 설계는 새롭거나 변화된 전력구조에 관한 창설부대 참고철 개발과 편성장비표 개발 사이의 연계역할을 한다. 창설부대 설계 절차는

1) 조직변경 및 창설부대 설계 관련 사항은 교리변화, 새로 제기되었거나 수정된 개념 개발, 신장비 획득 및 군사특기의 주요 변화에 의해 기인한다.

2) 전투개발자들은 조직변경 관련 사항을 인수 받아 필요시 창설부대 참고철을 개발하며 부대 설계국과 협조하여 관련 문서를 제작한다. 창설부대 참고철은 조직구조 변경이 제안될 때마다 요구된다.

3) 야전부대 의견수렴 후 조직 변경사항을 육군참모총장에게 보고하고 육군참모총장 및 차장이 자원 분배 또는 창설부대 설계사항을 결정하게 된다.

창설부대 설계 제안은 현재의 전투교리 혹은 새롭게 수정된 병과, 기능 및 작전개념 개발에 근거하며 조직 변경은 다른 교리, 교육훈련, 간부계발, 편성 및 물자 등의 영역에 영향을 미친다. 창설부대 설계 시는 다음과 같은 점을 고려한다.

<표 2-2> 창설부대 설계 시 고려사항

▶ 제안되는 조직의 임무, 기능, 능력과 제한 요소
▶ 개인, 단체 및 지휘자의 훈련 전략
▶ 변화가 교리에 미치는 영향
▶ 물자 계획에의 영향
▶ 자원 소요제기와 수행전략
▶ 전투근무지원 지원성과 지속성 영향

### 다. 편성장비표 개발과정[41]

1) 편성장비표는 특정형태 부대의 구조, 인력 및 장비에 대해 규정하는데 임무수행에 필요한 능력에 대해 세부적으로 지정한다.

2) 창설부대 참고철 및 창설부대 설계과정에 의해 개발된 전력편성지침은 편성장비표 개발자에게 전투취약점을 해결하는 데 필요한 변경(안)을 제공한다.

3) 전력관리 지원국은 장비운용정책, 인력소요기준에 의거 부대의 임무와 요구되는 능력을 고려하여 효율적인 편성을 하는데 전투부대와 전투원은 교리에 의해, 전투지원 및 전투 근무지원 인원은 인력 소요기준에 의해 각각 결정한다.

4) 질적 및 양적 인원 요구정보는 제안의 기초가 되는 계획 개발을 위해 유용한 구조, 교리, 훈련 및 인력정보를 제공한다. 질적 및 양적 인원요구정보는 새롭거나 조정된 군사 특기를 산출해내고 새롭거나 개량된 장비를 유지하고 운용하기 위해 필요한 훈련 및 인력 취득계획 작성 시 활용한다. 이 정보는 운용 및 정비자 판단의 기초를 제공한다.

### 라. 병사 및 인력 소요제기

병사 및 인력 소요제기는 미 육군 군사특기 분류 및 구조 체계의 추가, 삭제 및 조정을 포함하는데 이는 현재 직능별 특성의 전투력 또는 계급구조에 영향을 미치는 제안으로부터 주어진 임무를 수행하기 위한 전혀 새로운 직능, 특기 개발에 이르기까지 광범위하다. 인력담당 부서는 무기체계의 변화 및 교리의 변화에 따라 병사 인력소요제기를 준비하고 다른 영역과의 상호 조화를 고려한다.

---

41) 이희각, 전게서, pp.104-110, 요약.

### 3. 교육훈련[42]

미군은 현재와 미래의 검증된 제병 교육 전략과 같은 제도적 전략에서 요구되는 훈련을 수행하기 위해 학생, 교관, 장비, 탄약, 시설 및 예산을 적시에 효율적으로 공급시켜 주기 위하여 훈련소요분석체계를 두고 있는데 이것은 훈련문서와 소요재원을 물자획득 체계에 포함시켜 적시에 반영할 수 있도록 하는 관리체계다.

훈련소요 분석체계는 개인훈련계획, 과정관리데이터 및 교수 계획표의 세 가지 문서에 의해 지원된다. 소요제기 결정과정에서 요건분석, 능력부족을 제거하기 위한 요구, 훈련효과를 개선하기 위한 노력, 훈련설계과정 등에서 발생한 것 가운데 훈련프로그램에 영향을 주는 변화는 전투발전요소를 발전시킨다.


## 제2절 관련문서 및 조직

### 1. JCIDS절차

미 합참 소요기획 절차는 〈그림 2-1〉과 같이 4개 단계로 구분되는데 그중 JCIDS 절차는 평가분석 단계와 조정 및 문서화 단계 2개 단계가 중요하므로 본고에서는 2개 단계 위주로 소개하고자 한다.

---

42) 윤현석, "무기체계 전력화지원요소 업무 개선방안 연구", (2003), p.23, 내용을 인용한 것임을 밝혀 둔다.

<그림 2-1> JCIDS 절차

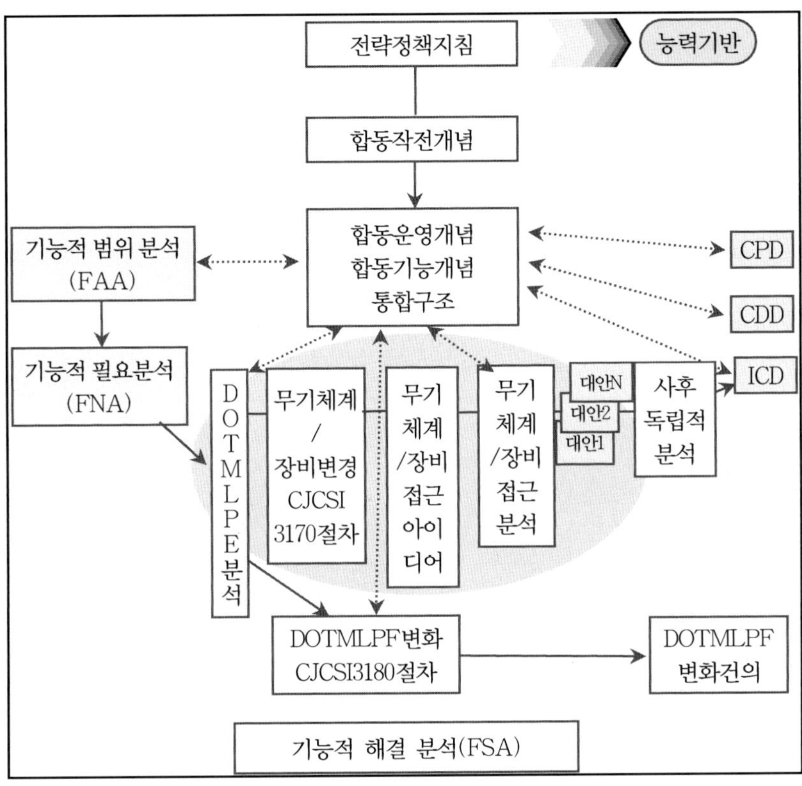



출처: U.S. DODI 5000.2 「*Operation of the Defense Acquisition System*」(12.MAY.03)

## 2. 평가분석단계

평가분석단계는 〈그림 2-1〉 JCIDS 절차에서처럼 기능적 영역분석 (FAA: Functional Area Analysis), 기능적 요구분석(FNA: Functional Needs Analysis)과 기능적 해결분석(FSA: Functional Solution Anlysis) 단계로 구분한다. 각 단계는 다음과 같이 진행된다.

## 가. 기능적 영역 분석(FAA)

FAA는 군사작전 목적 달성에 필요한 운용과업, 조건, 표준을 식별하는 것이다. 국가전략, 합동운영개념, 합동기능개념, 총괄적 합동목록을 통합아키텍처에 입력하여 도출한 결과는 다음 FNA단계에 검토대상 과업이 된다. FAA는 능력과 체계를 복합적으로 분석함으로써 합동작전을 위한 운용과업, 조건, 표준을 식별한다.

〈그림 2-2〉 기능적 영역분석(FAA)

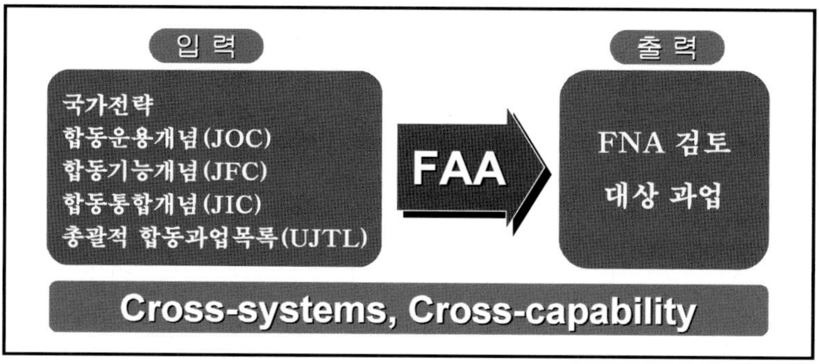

출처: U.S. DODI 5000.1 「*The Defense Acquisition System*」(12.MAY.03)

## 나. 기능적 요구 분석(FNA)

이 단계는 FAA에서 식별된 과업을 달성하기 위해 모든 작전환경 하에서 현재와 계획된 합동능력을 평가한다. 이를 위해 먼저 능력격차를 기술하는데 FAA에서 식별된 과업으로 FNA단계에서는 능력의 격차와 목록을 도출하고 필요한 해결방법과 해결에 필요한 시간을 판단한다. 효과에 기초한 표현방식으로 능력격차를 기술해야 한다. 이때 야전지휘관의 의견수렴, 미래 적 위협능력과 과학기술 수준이 고려되어야 한다. 둘째로 문제나 해결영역에 포함할 추가 기능적 영역을 기술한다. 셋째로 문제해결을 위한 능력의 핵심특성 혹은 핵심 능력을 문제를 극복하는 데 필요한 시간, 거리, 효과, 극복해야 할 제한사항 등의 형태로 표현한다.

### 〈그림 2-3〉 기능적 요구분석(FNA)

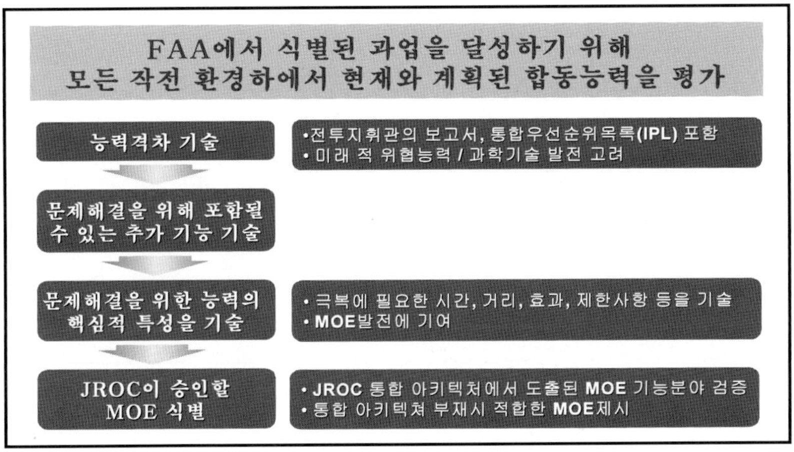

출처: U.S. DODI 5000.2 「*Operation of the Defense Acquisition System*」(12.MAY.03)

넷째로 JROC이 승인할 기능 분야 MOE[43]를 식별하는데 이것은 통합아키텍처에서 도출해야 하며 이때 JROC은 제시한 요구능력을 조정할 수 있다.

---

43) MOE(Measure of Effectiveness): 임무달성 효과 측면에서 요구하는 사항을 조건이나 수치 등 정도를 표현할 수 있는 척도로서 효과기반작전(EBO)에서의 효과와 같은 개념으로 이해할 수 있고 체계특성들의 통합적 효과를 대표하는 것이다. 척도의 종류에는 무기체계의 특성을 표현할 수 있는 MOP(Measure of Performance)와 보다 세부적인 기술적 특성을 표현할 수 있는 TPM(Technical Performance Measure) 등도 있다.

## 다. 기능적 해결 분석(FSA)

FNA에서 식별한 합동차원의 능력격차를 해결하기 위해 운영에 기초를 두고 잠정적으로 DOTMLPF 측면에서 분석을 실시하는 중요한 단계다.

### 〈표 2-3〉 전투발전요소별 기능처리부서

| DOTMLPF | 기능처리부서 |
| --- | --- |
| 합동 교리(Joint Doctrine) | J-7 |
| 합동 조직(Joint Organizations) | J-8(J-5지원) |
| 합동 훈련(Joint Training) | J-7 |
| 합동 무기체계 및 장비(Joint Materiel) | J-8 |
| 합동 지휘통솔/교육(Joint Leadership & education) | J-7 |
| 합동 인력(Joint Personnel) | J-1 |
| 합동 시설(Joint Facilities) | J-4 |

출처: U.S. DODI 5000.2 「*Operation of the Defense Acquisition System*」(12. MAY. '03)

FCB에서 수행하는 주요 내용은 다음 3단계 절차를 수행한다.

첫째 단계는 FNA에서 식별한 능력격차를 DOTLPF적인 접근방법으로 해결할 수 있는지를 결정한다. 만약 가능하다면 관련 요원으로 (FCB: Functional Concept Board)를 구성한다.

둘째 단계는 물자적인 측면에서 아이디어를 생성하기 위해 다양한 부문의 전문가와 함께 기존 체계와 장차 획득대상 체계를 포함하여 검토한다.

셋째 단계 물자적 접근은 요구능력을 만족할 수 있는 최상의 물자 요구나 통합된 대안을 도출하므로 합동능력을 제공할 수 있는 최상의 방법이 결정된다. 이때는 특정 무기체계로 표현하지 않는다. 예를 들어 잠수함발사 미사일, 포병, 항공기발사 미사일 등으로 다양하게 선정할 수 있기 때문에 최상의 대안으로 하나의 특정 무기체계를 한정하지 않는다. 최상의 대안은 ICD가 생성되면 이것을 토대로 대안분석을 실시한 후 결정한다.

## 3. 문서작성 및 조정단계

### 가. 문서작성 절차

과거 순차적으로 작성하던 문서체계에서 '임무요구서'(MNS: Mission Needs Statement)는 우리의 개략적 작전운용 성능이 포함된 장기소요기획서와 유사하고 다음 단계 작성하는 운용소요서(ORD: Operational Requirement Document)는 중기소요기획서로 구체적인 작전운용 성능(ROC)이 포함된다. 우리에게는 없는 중추소요서(CRD: Capstone Requirment Document)는 체계 중의 체계(System of Systems)의 요구를 반영하는 문서다. 이러한 과거 문서체계들을 개선하여 MNS는 '초기능력서'(ICD: Initial Capabilities Document)로, ORD는 '능력개발서'(CDD: Capability Development Document)와 '능력생산서'(CPD: Capability Production Document)로 대치하고 CRD는 단계적으로 통합아키텍처가 완성되면 자연스럽게 ICD, CDD, CPD에 흡수될 것이다. 이 문서체계는 종전과 달리 기술 개발과 시연 결과를 반영하여 기술을 개발하면서 반복적으로 수정이 가능하므로 서두에서 언급한 혁신적인 획득전략을 적용할 수가 있다. 이것을 가능토록 하는 체계가 바로 '통합아키텍처'라는 도구다.

## 〈그림 2-4〉 소요기획절차 및 문서체계

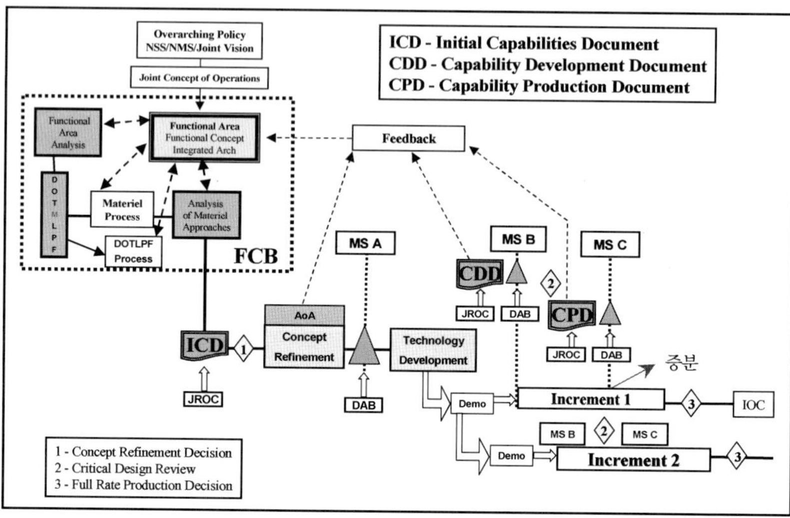


출처: U.S. DODI 5000.1 『*The Defense Acquisition System*』(12.MAY.03)

## 나. 초기능력서(ICD: Initial Capabilities Documentation)

이 문서는 종전의 MNS와 같은 성격으로 최초 소요제기문서가 되며 작성은 합참 J-8에서 주관한다.

## 〈그림 2-5〉 초기능력서(ICD)

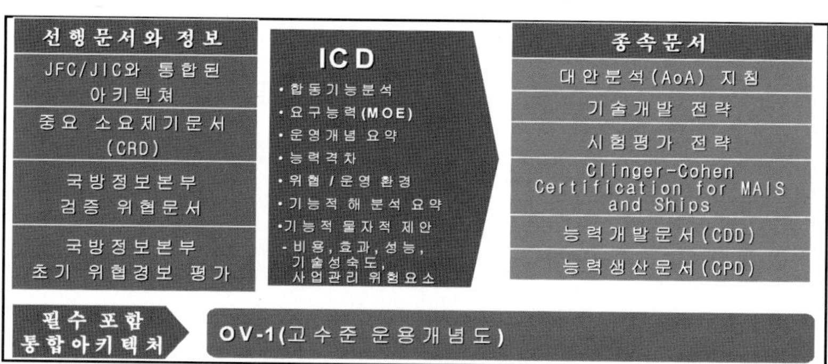


출처: U.S. CJCSI3170.01D 『*JOINT CAPABILITIES INTEGRATION AND DEVELOPMENT SYSTEM*』(12.MAR.04)

ICD는 〈그림 2-5〉와 같이 합동기능개념서, 중요소요제기문서, 국방정보본부에서 제공한 위협을 토대로 국방부 관련부서, FCB Working Group, 분석평가요원, 통합설계 팀 등이 함께 작성되는데 그 내용은 합동기능분석, 요구능력, 운영개념요약, 능력격차, 위협·운영환경, 기능적 해결분석 결과를 포함한다. 여기에 운영적 관점에서 접근하므로 MOE만 포함하고 핵심성능변수(KPP)[44]가 없는데 그 이유는 이후 문서와 달리 체계가 확정되지 않기 때문이다. 최종 물자 소요에는 비용, 효과, 성능, 기술의 성숙도, 전력화 시기, 사업의 위험요소 분석을 포함한다. 또한 이 문서를 Gate-Keeper가 편성한 잠정지정자(JPD) 등이 인증한다. 이렇게 작성된 ICD로 대안분석을 실시하는데 이때 가능한 다양한 대안들이 '요망효과'(MOE)를 만족하는지 비용 대 효과 측면에서 대안을 분석하게 된다.

또한 이 자료를 토대로 기술개발전략을 수립하는데 초기부터 최종 상태의 요구를 식별할 수 없는 경우에는 나선형(Spiral) 개발방법을 채택하고 최종 상태요구를 식별할 수 있는 경우는 점증적(Incremental) 개발방법을 채택하게 된다. 이와 병행해서 시험평가 전략을 수립하게 된다. 또한 정보체계에 대한 분석을 실시하고 능력개발문서와 능력생산문서를 작성하게 된다. 이때 필수적으로 포함해야 하는 통합아키텍처 문서양식은 고수준 운용개념도(OV-1)다.

### 다. 능력개발서(CDD: Capability Development Documentation)

능력개발서의 선행문서나 정보로는 합동기능개념, 합동운용개념과 ICD 등을 참고하며 채택한 기술개발 전략과 대안분석 결과를 반영한다.

---

44) 핵심성능변수(KPP: Key Performance Parameter): 우리의 작전운용성능과 같은 의미로 성능척도로 체계에 중요한 영향을 미칠 수 있는 주요 핵심 변수를 8개 이내로 선정하도록 통제하고 있고 이 항목과 수치는 JROC이 결정을 한다.

<그림 2-6> 능력개발서(CDD)

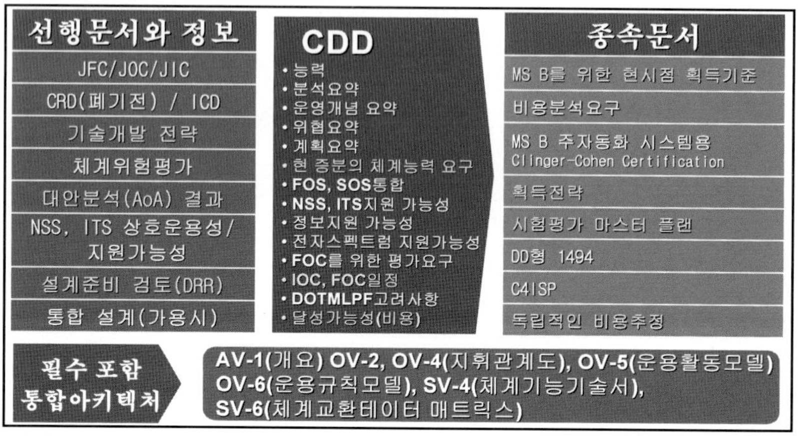

출처: U.S. CJCSI3170.01D 「*JOINT CAPABILITIES INTEGRATION AND DEVELOPMENT SYSTEM*」(12.MAR.04)

또한 국가안보체계나 정보체계와 상호 운용성 및 지원가능성에 관련된 사항도 반영한다. 또한 현재까지의 개발자 측면의 설계준비 검토 내용도 포함한다. 포함 내용은 〈그림 2-6〉과 같고 여기서 핵심성능변수(KPP)를 처음으로 반영하는데 ICD에서 설정한 MOE를 달성하기 위한 최종 목표 수준은 개발목표치로 최저 수준은 한계치로 설정하여 타 성능과 상충관계(Trade-off)할 수 있는 여건을 부여한다. 분석결과 FOC평가 요구사항, IOC·FOC 일정요소를 반영하며 이때 도출된 DOTLPF 고려 사항도 포함한다. 그리고 이 체계에 소요되는 비용을 포함함으로써 CDD가 완성된다. CDD에 성능, 개략적인 비용, 일정을 반영하여 마일스톤B를 위한 획득프로그램기준(APB: Aqusition Program Baseline)[45]으로 활용할 수도 있다. CDD를 이용해서 구체적인 비용분석도 가능하고 시험평

---

[45] 획득프로그램기준(APB: Aqusition Program Baseline): 사업관리자가 결정하며 연구개발이든 해외/국내 구매이든지 획득사업관리에 필요한 기준으로 협상전략지침 등에도 사용할 수 있는 중요한 요소다.

가 마스터플랜도 수립할 수 있게 된다. CDD는 국방부 관련부서 및 기관과 FCB Working Group, 통합설계 팀 등이 함께 작성하며 인증은 스폰서, FCB 일부요원이 실시한다. CDD에 추가되는 문서양식은 개요(AV-1), 지휘관계도(OV-4), 운용활동모델(OV-5), 운용규칙모델(OV-6), 체계기능기술서(SV-4), 체계교환데이터 매트릭스(SV-6)가 있다.

### 라. 능력생산서(CPD: Capability Production Documentation)

능력생산서는 〈그림 2-7〉과 같은 절차로 작성한다. CDD와 내용은 유사한데 단지 핵심성능변수(KPP) 작성 시 CDD와는 달리 제조/생산자 관점에서 비용, 계약조건 등을 고려해서 최적치를 선정한다. 이때 CDD에 추가하여 필수적으로 포함해야 할 통합 아키텍처 양식은 운용노드 연결기술서(OV-1), 운용사건추적기술서(OV-6c), 활동모델(SV-5)이 있다.

〈그림 2-7〉 능력생산서(CPD)

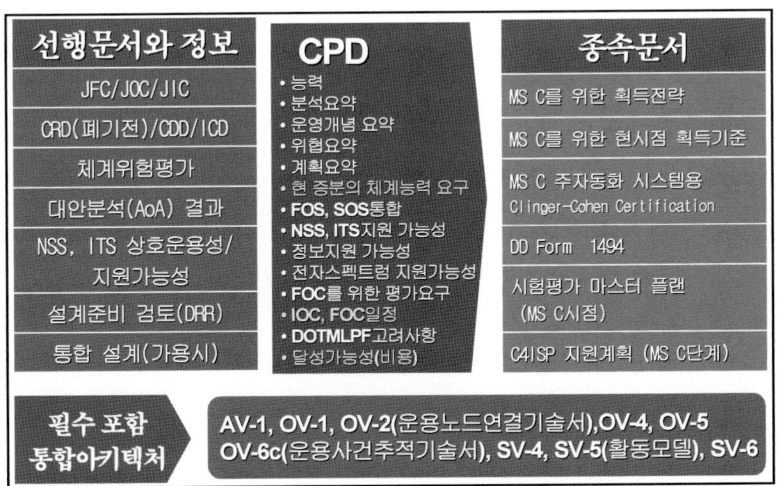


출처: U.S. CJCSI3170.01D 「*JOINT CAPABILITIES INTEGRATION AND DEVELOPMENT SYSTEM*」(12.MAR.04)

## 마. 중추요구서(CRD: Capstone Requirement Documentation)

기존 합동개념과 통합아키텍처가 능력개발을 지원하는데 부적절하면 JROC은 새로운 CRD를 개발하여 설정한다. 합동개념과 통합아키텍처가 개발되면 FoS 혹은 SoS[46)]로 상호 운용성이 중요한 요소에

---

46) FoS(Family of Systems 혹은 System of Systems): 네트워크로 구성한 다양한 무기체계들의 그룹으로 각 개별무기체계 성능은 네트워크를 통해 상호 간에 영향을 미쳐서 모든 체계를 통합한 별도의 효과로 나타나는 것을 의미한다.

복합체계를 도표로 나타내면 다음과 같다.

| ISR | C4I | Precision Force |
|---|---|---|
| Intelligence<br>Surveillance<br>Reconnaissance | Command, Contol<br>Computer Applications<br>Communications,<br>Intelligence Processing | |
| AWACS | CGCS | SFW |
| RIVET JOINT | JSIPS | TLAM(BLK III) |
| JSTARS | DISN | ATACMS/BAT |
| HASA | C4FTW | SLAM |
| SBIR | TADIL J | CALCM |
| ATAR | TRAP | HAVE NAP |
| TIER2+ | TACSAT | AGM-130 |
| TIER3- | JWICS | HARM |
| TARPS | MIDS | AIR-HAWK |
| MTI | SONET | SADARM |
| REMBAS | LINK-16 | HELLFIRE II |

출처: Theoder W. Galdi, Revolution in military Affairs: *Competing Concepts, Organizational Responses, Outstanding Issues*(Washington, DC.:December 11, 1995). http://www. fas.org/man/crs/95-1170htm(2007. 5. 11)

주해: C4ISR체계를 연결하게 되면, 정보우위(information susperiority) 혹은 지배적인 전장(dominant battlefield) 지식을 제공할 수 있게 되며, 이것은 작전에서의 대약진을 가능케 하고, 비록 완전하지는 않다 할지라도 많은 부분에 걸쳐 소위 전장의 안개를 제거할 수 있을 것이다. 이러한 주장에 관해서는 Bill Owens with Ed Offley, Lifting the Fog of War (NewYork: Farrar, Straus, Giroux, 2000)를 참조.: 전장의 안개(불확실성)란 개념은 프로이센의 군사전략가인 클라우제비츠가 자신의 저서인 전쟁론에서 처음으로 사용한 개념이다.

통합적인 능력의 한계치와 목표치를 표현한다. 그러나 일반적으로 입증된 통합아키텍처가 존재한다면 별도의 CRD는 필요 없다. 통합아키텍처 생산물은 Petri-net CRD와 그 핵심성능변수(KPP)에 의해 추적성을 갖으며 CDD·CPD 등 상호 대립 시 CRD에 의해 조정할 수 있다. 이것은 장기적으로 통합아키텍처가 완성되면 폐기될 것이다.

〈그림 2-8〉 중추요구서(CRD)

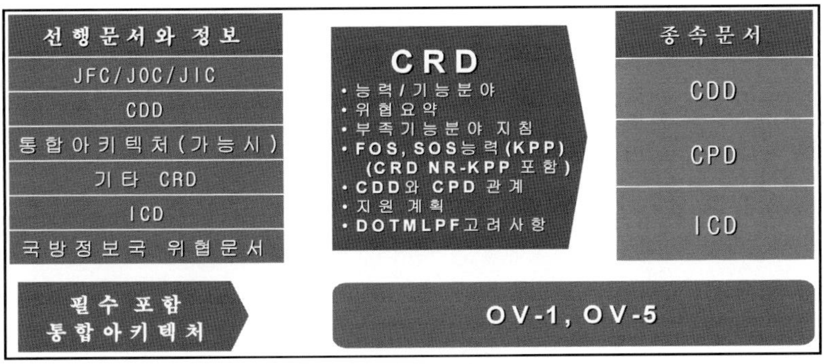

출처: U.S. CJCSI3170.01D 「*JOINT CAPABILITIES INTEGRATION AND DEVELOPMENT SYSTEM*」(12 MARCH 2004)

보충설명

# 《 미 국방부 무기체계 획득 개혁 》
## (DoD Business Transformation)

## ■ 개 요

### 1. 배 경

#### 가. 미 대통령 지침(2002년 9월)

"21세기에 예상되는 도전을 극복하고 기회를 활용하기 위해서는 국방부 조직을 개혁해야 함."

#### 나. 미 국방부장관의 개혁과제(Transformation, 2003년 4월)

1) 융통성 있는 기획(Adaptive Planning)
2) 기업식 경영방식 적극 수용(More Entrepreneurial)
3) 미래지향적 전투력 향상 위주의 자원배분 절차
   (Future-Oriented Capabilities Based Resource Allocation Process)
4) 무기체계 획득 소요시간 단축
5) 산물 위주의 경영 (Out-Put Based Management)

미군은 새로운 안보환경에 능동적으로 대처하기 위해서 무기체계획득을 'Batter, Faster, Cheaper' 하도록 각 분야별 개혁 추진

## ■ 소요 분야

### 1. 개혁 추진 내용

#### 가. 합동전투력 통합 및 개발체계 지침서 및 교범 발간

1) 지침서 (JCSI3170.01c) 주요 내용
 - 상위구조 임무/기능 묘사,
 - 각 조직별 책임 명시
2) 교범 (CJCSM3170.01) 주요 내용
 - JCIDS 분석과정,
 - 각 소요결정 과정별 주요 특성 및 고려사항
 - 증명과 승인과정,
 - 소요관련 문서 수록내용 요약
※ 인터넷 web site http://dod5000.dau.mil에 내용 수록

### 2. JCIDS 의사결정 기구 정비

1) 합동 전력 소요 감독위(JROC)
 - 합동전력 소요 결정 관련된 정책 및 절차 발전
 - 주요 합동 전력 소요 검증 및 확정
 - 합참차장이 위원장이고, 각 군 참모차장 및 해병대 부사령관이
   위원
※ 합참차장은 JROC과 국방획득위(Defense Acquisition Board) 위
원장을 겸함

- 전력소요 제안이 통합 합동 전력(Integrated Joint Force)과 일치 여부 확인
- 합동 영향 제안(Joint Impact Proposals) 확인
- 전력 소요서에 대해 분석 및 우선순위 부여
- 전장기능 개념(Functional Concept) 발전 및 수정 감독
- 통합 설계(IA)가 전장기능 분야 소요 누락 없이 포함 여부 확인
- 심의 대상 전장 기능 분야
  - 지휘 및 통제(Command & Control)
  - 전장 상황 인식(Battle Space Awareness)
  - 전력 활용(Force Application)
  - 방호(Protection)
  - 군수(Focused Logistics)
- ※ JROC에서 위임한 책임 및 심의대상 전장 기능에 대해 JROC보다 실무적인 차원에서 세부적인 내용을 확인, 수정 및 보완하는 기능 수행

## ■ 획득 분야

## 2. 개혁 추진 내용

### 가. 관련규정 및 지침서 발간

1) 국방부 훈령(5000-1): 주요 원칙은 전과 동일하나 창의성과 융통성 강조
2) 국방부 지침(5000-2): 획득모델 구체화, 결과위주 획득과 연계 및 관련 법규 준수 강조

3) 국방부 획득지침서 (Guidebook)
 - 획득목표 (Expectations), 성공사례 및 교훈 위주로 구성
 - 실제 업무 수행 방식 및 절차 중시
 - 인터넷에서 획득 가능토록 지침서 내용 공개


나. 획득 간 융통성 제고토록 사업관리관에게 제 권한 부여

1) 사업관리관에게 제 획득관련 법과 규정의 요구를 충족시키기 위해 필요한 정보 판단 및 요구 권한 부여
2) 사업관리관에게 사업의 기술적 측면(적용성 / 가용성), 개발위험과 임무요구의 긴급성을 고려하여 획득단계, 주요 획득 절차상 업무 및 의사결정 단계를 사업에 맞도록 조정할 권한 부여
※ 성공 여부는 '창조성'에 따라 좌우됨


다. 사기업 경영방식 확대

1) 각 군의 획득 정책 제도화
2) 효과적/효율적으로 Clinger - Cohen 법 준수
※ Clinger - Cohen법 주요 내용: 상용규격 사용, e - commerce 확대적용, 업체평가 시 실적의무평가, 효과적 협상, 회계기준, 정보체계사업(IT) 민원처리방법, IT 사업의 모듈 계약방식 등 적용토록 규정
3) 자금관리 정보체계에 대한 감독체계 개선
4) 주요 분야 지원능력 제고: 인간체계통합, 정확한 정보지원, 군수지원, 증명서 발급 등
5) 체계개발 및 시험단계에서 철저한 설계 검토를 통해 HW/SW의 결점 보완, 효율적 시험평가, 환경평가 및 안전평가 실시
6) 각 군의 기참부장(Service Acquisition Executives)이 시험평가 시기 결정

라. 발전적 획득(Evolutionary Aquisition) 추진

1) 발전적 획득의 두 가지 가용한 방법
 - 점진적(Incremental)성능개량: 최종 개발목표(End-State Requirement)가 확정된 경우로써 여러 번 성능개량으로 최종 개발 목표 달성
 - 나선형(Spiral) 성능개량: 최종 개발목표 미확정된 경우로 추후 성능개량 소요는 기술의 개발 가능성 및 사용자의 요구에 의해 결정
2) 발전적 획득 전략은 작전요구를 적시에 충족 가능해야 함
3) 나선형 성능개량을 우선적으로 추천


마. 기타 적시/양질/경제적 획득을 위한 노력

1) 통합개발 팀(Integrated Product Teams) 운용
 : 주요 개발관련자(사용자, 구매자, 시험평가자, 판매자, 예산운용관 등) 간에 과거 적대적 관계를 일소시키고 장비개발의 성공과 양질/원만한 군수지원 등을 위해 상호 협조하는 Teamwork 관계로 발전된 팀
2) 첨단기술시험(Advanced Concept Technology Demonstration) 시행
 : 가용한 첨단기술을 군에 전력화될 수 있는 기회를 제공하기 위해 기술보유 업체에서 요구 시 부대시험을 통해 첨단 기술을 교리, 운영개념, 전술, 훈련과 연계하여 평가 후 성공적인 경우에는 이 첨단기술을 군에 도입하는 제도
3) 상용품 및 일반기업경영 방식(Commercial Items & Practices)도입
 : 일반시장을 통해 제공되는 혁신적 상품(Innovation) 활용을 최대화하여 최근 기술과 보다 폭넓은 구매선에 접근하며 가능하면 군수물자를 상용물자와 같은 생산라인에서 생산하여 '소량/고가'로부터 탈피

4) 제 갈등 해소 방안(Alternative Dispute Resolution) 강구

  : 정부와 계약자 간에 발생하는 문제를 법정소송 또는 정식항의 (Formal Protest)로 해결하는 대신 조정, 타협, 중재(Arbitration), 민원조사를 통해 원만하고 신속히 해결

5) 가장 가치 있는 상품 구매(Best Value Contracting)

  : 기술적으로 허용범위 내에서 최저가의 물품을 계약하던 방식에서 벗어나, 가격, 성능, 품질, 인도 시기 등을 고려하여 가장 가치 있는 상품을 선택하여 계약하는 방식

6) 군수개혁(Logistics Transformation)

  : 과거 대량 군수지원 체계에서 수요(Demand)에 신속하게 응답하는 군수체계(Focused Logistics)로 개혁하며 개혁방향은 다음 3가지임

> ① 능력에 기초한 지원(Performance-based Logistics)
> ② 현대전 양상과 연계
> ③ 현대 일반 경영방식 채택

일반 경영 방식이 고객지원, 통합된 보급체계, 신속한 수송 및 e-commerce에 집중하여 전략적 경쟁우위(Strategic Advantage)를 달성하는 것에 착안하여, 군수도 전투태세 완비(Readiness)와 전사(Warfighter)의 요구에 신속하게 응하는 데 집중하자는 것임

7) 능력에 기초한 용역 획득(Performance-based Services Acquisition)

  : 군에 용역(공사, 첨단장비 정비, 교육, 식당운영, 경비, 등) 획득이 빠른 속도로 증가하고 있어 효과적 효율적인 획득을 달성코자 용역의 소요제기 시 획득되어야 할 결과에 기초해야 하고, 용역이 행해지는 방법에 기초해서는 안 됨

8) 규격 및 표준화 개혁(Specifications and Standards Reform)

 : 1994년 당시 국방부 장관인 Perry가 추진한 것으로 설계도를 중심으로 한 규격 및 표준화는 최종적으로 대안이 없을 때 채택하고 우선적으로 성능규격을 사용토록 함

9) 개방체계(Open Systems) 활용 확대

 : 각 군 간은 물론 우방국과도 상호 운용/호환성을 제고토록 무기체계 개발 설계 시 Interface 표준을 규격화하는 것으로 결과적으로는 폭넓은 보급원 확보 및 신기술 보완과 수리부속 구성품의 개량을 통해 무기체계 성능 개량이 가능해짐

10) 가격 또는 원가관리(Price or Cost as an Independent Variable)

 : 경쟁 가격은 공정하고 합리적이라고 확신할 수 있으므로 원가산정이 불필요하며 가격경쟁이 없는 경우에는 도전적이며 성취가능한 원가목표를 설정하고 통합개발 팀(IPT)으로 하여금 원가관리에 참여하여 원가 목표를 달성토록 함

### 바. 미군의 과거 대비 현재 획득 방향

| 과거 획득의 특징 | 현재 지향 방향 |
| --- | --- |
| ○ 다수의 새로운 무기체계 획득 | ○ 소수의 새로운 무기체계, 기존체계 성능개량 (Fewer New Systems, Modified Legacy Systems) |
| ○ 핵전(Nuclear Warfare) 집중 | ○ 정규전(Conventional Warfare) |
| ○ 기술 위주 체계 채택 (Technology-driven Systems) | ○ 실현가능 체계 채택 (Affordability-driven Systems) |
| ○ 각 군 위주 사업 추진 (Service-Specific Programs) | ○ 합동 작전/전력 운영 개념 달성 위주 추진(Joint Programs) |
| ○ 군 유일의 기술 (Military-Unique Technology) | ○ 민수와 군·민수 복합 기술 (Commercial and Dual-use Technology) |
| ○ 기술 개발 (Technology Development) | ○ 기술 추가 (Technology Insertion) |

## ▣ PPBE 분야

### 1. 개혁 추진 내용

### 가. 대통령 임기에 맞춰 PPBE 작성

| 임기기간 | 내 용 |
|---|---|
| 1년차(Year 1)<br>※ PPBE 미 작성 연도<br>(Off-Year) | -중점: 검토와 조정<br>-국가안보전략(NSS) 조기수립(취임 후 150일 이내)<br>-국방 기획지침서(DPG)는 국방장관 요구 시 작성<br>-기본 Program의 수정 최소화 |
| 2년차(Year 2)<br>※ PPBE 작성년도<br>(On-Year) | -중점: 핵심문제 식별해결<br>-의회 예산안 제출 시(2월) QDR, 중기계획과 예산 일치<br>-예산편성지침 및 DPG 작성/하달(QDR 구현)<br>-중기계획목표각서(POM)/예산판단서 작성 및 제출 |
| 3년차(Year 3,<br>Off-Year) | -Off-Year의 DPG는 국방장관 요구 시 작성<br>-기본 Program의 수정 최소화 |
| 4년차(Year 4,<br>On-Year) | -예산편성지침 작성/하달<br>-DPG 작성/하달(전략과 사업의 일치 확인 조치)<br>-POM/BES 작성 및 제출 |

※ 미국의 PPBE 제도는 연속과정으로 2005년 경우 대통령 취임 1년차로 전 행정부에서 의회 승인받은 2005년 예산이 이미 2004년 10월부터 집행(Execution)되고 있으며 2005년 2월에는 대통령이 전 행정부에서 편성한 2006년 예산을 서명해서 의회에 상정하면 의회에서 9월말까지 심의해서 확정(Enactment)하며, 2005년에는 동시에 2006년 예산 및 2007-2011년 중기계획 / 기획부분을 검토(Review)하여 수정이 필요시에는 절차에 의거 수정 실시

나. PPBE의 목적 및 기본 '틀' 유지

1) 기획(Planning)
  - 능력 평가 및 위협 분석: 군사전략 명확하게 발전
  - 자원 소요 판단 지침 발전: 군사력 규모, 구조 및 무기체계 식별
2) 계획(Programming)
  - 6년 계획(미래 국방계획(FYDP)) 작성
  - 자원소요 충족가능하고 예산지원 가능한 사업으로 발전: 사업 우
    선순위 부여
3) 예산(Budgeting)
  - 효율적 자금 집행 여부 평가
  - 집행된 예산 무시하고 'Zero Base'에서 예산 필요성 여부 판단:
    방어 가능한 합리적 예산 편성
4) 집행(Execution): 계획/예산 검토결과와 연계하여 추진
  - 집행 결과 산물 명시
  - 계획 대비 실제 결과 평가
  - 최선의 목적 달성 위해 자금 조정

## ■ 시사점

1. 미 국방부는 최근 위협의 변화 및 전쟁경험을 토대로 소요 분야는
합동작전운영 개념을 달성토록 각 무기체계 소요결정 및 발전단계, 개
발 및 획득 과정에서 수시로 확인하고 수정/보완토록 제도화하였고,
2. 무기체계 획득 과정에서는 신속하고 경제적 획득이 되도록 활
용 가능한 첨단기술은 조기 전력화되도록 발전적 획득(Evolutionary
Acquisition)을 시행하면서 창의성, 실용성을 기본 바탕으로 한 일반
기업경영을 과감하게 채택 운영하고 있으며,

3. PPBE에서는 소요/획득/PPBE가 통합되어 물 흐르듯이 사업이 추진되도록 관련 조직, 법규를 수정·보완하여 적용하고 있음.

4. 우리 군도 차제에 미군의 무기체계 개혁 추진 과정을 주시하면서 우리의 획득방향, 조직 및 법규 분야에 대한 재점검 필요 여부를 타진하면서 'Better, Faster, Cheaper' 달성이 요구됨.

* 출처: 주미 군수 무관단(2004), "미 국방획득제도 개혁", 교육사.

## ■ 주요 용어 설명

| 용 어 | 내 용 |
|---|---|
| 전략적 정책 지침<br>(Strategic Policy<br>Guidance) | − 국가안보전략(National Security Strategy): 미 대통령이 매년 합참의장에게 하달하는 군사 전략<br>− 국가군사전략(National Military Strategy): 미 대통령의 안보전략을 수행하기 위해 군사력 활용 명시 |
| 합동 작전 개념<br>(Joint Operations<br>Concepts) | − 합동전력(Joint Forces)을 현재부터 15년에서 20년 후에 어떻게 운영할 것인가를 명시 |
| 합동 작전 운영 개념<br>(Joint Operating<br>Concepts) | − 미래 합동작전 지휘관이 예상적 또는 위기상황에 대처하기 위한 어떻게 합동작전 및 운영을 기획, 준비, 배치, 운용 및 군수 지원하는가를 명시<br>− 합동 전력 운영 개념(Joint Functional Concepts)을 통합 및 운영에 대한 지침 제공 |
| 합동 전력 운영 개념<br>(Joint Functional<br>Concepts) | − 미래 합동작전 지휘관이 어떻게 임무수행에 요구되는 통합전력을 획득하는가를 명시 |
| 통합 설계<br>(Integrated<br>Architecture) | − Family of Systems, Systems of Systems(체계통합) 통해 Interoperability를 촉진하기 위해 작전/체계/기능 측면에 대해 다양한 견해 및 의견 명시 |

※ 합동작전 지휘관은 미군의 지역사령관(예: 중부사령관)을 의미하며 지역사령관은 국방장관의 지시에 의거 작전수행

## ■ 획득단계

| 단 계 | 목 적 | 완 료 |
|---|---|---|
| 개념 연구<br>(Concept Refinement) | -최초 개념 완성<br>-기술 개발 전략 발전<br>※ ICD 승인 및 대안 분석<br>　(AOA) 승인 | -MDA에서 최선 대안 승인<br>-MDA에서 기술개발 전략<br>　승인 |
| 기술 개발<br>(Technology Development) | -기술개발 위험 최소화<br>-완성체계에 통합 가능한 기<br>　술 선택 | -시험된 기술이 군사<br>　목적상 유용함이 증명됨<br>-단기간 내에 생산 가능한<br>　기술의 증명 |
| 체계 개발<br>(System Development)<br>및 시험<br>(Demonstration) | -하부체계 및 구성품의 체계<br>　통합<br>-통합 위험 최소화<br>-개발 시험(DT) | -시제품 환경시험 완료 |
| 체계 개발<br>(System Development)<br>및 시험<br>(Demonstration) | -체계시험평가 완료<br>-개발/운용시험 및 사격시험 | -시험평가에서 요구 성능충족 |
| 초도생산<br>(Low Rate Initial Production | -소량 생산<br>-최초 능력 평가<br>-충분한 사격시험 실시 | -체계가 원만하게 운용되며,<br>　양산준비 완료 |
| 및 양산<br>(Full Rate Production) | -최대 물량 생산<br>-체계배치 및 군수지원 착수 | -생산/배치 완료 |

※ 획득의 평가 기본 요소는 획득비용, 기간 및 목표 성능임

# 제3절 관련 업무절차

## 1. 획득/소요제기 절차

### 가. 미 국방성의 획득절차

미 국방성에서는 아래의 〈그림 2-9〉와 같이 획득의사결정 지원체계인 소요제기 결정체계, 국방획득체계, 기획예산체계가 통합되어 움직인다.

〈그림 2-9〉 획득 의사결정 지원체계

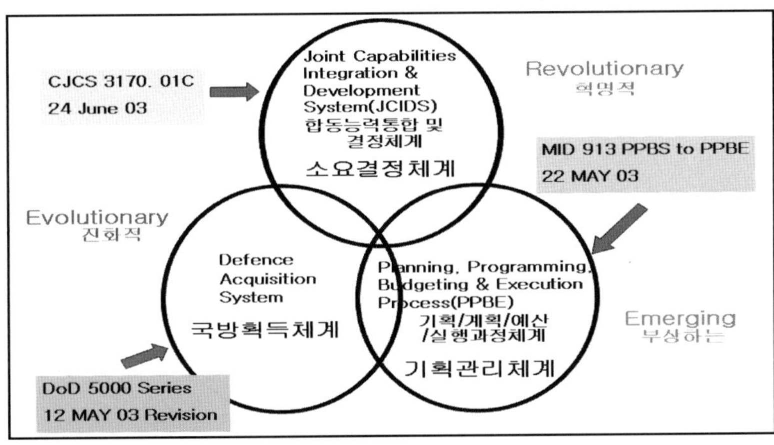


출처: MARK D. LUMB. 「*DoD Business Transformation & The 5000 Series Regulation*」, 18 February 2004.

〈그림 2-10〉의 미 국방성의 소요제기와 획득관리활동 관계를 살펴보면 소요제기가 선행되어야 획득관리체계가 가동된다는 사실을 알 수 있으며 기술의 성숙도에 따라 의사결정점(Mileston) 어느 단계에 관계없이 진입할 수 있어서 획득관리단계가 신축적이다.

### 〈그림 2-10〉 미 소요제기 활동과 획득관리활동 관계

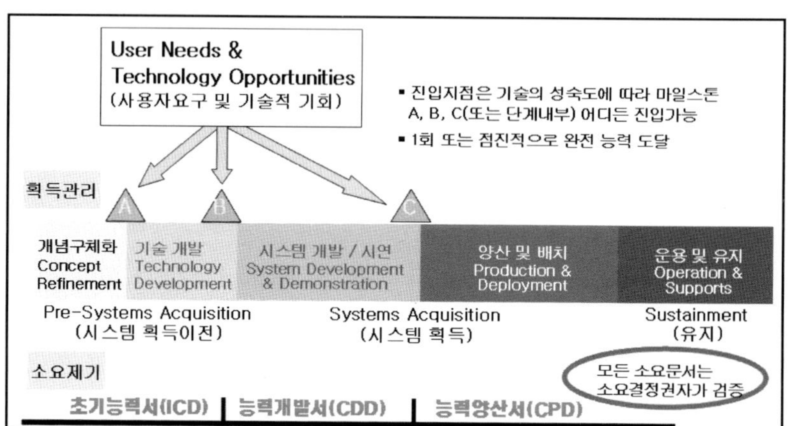



출처: MARK D. LUMB. 「*DoD Business Transformation & The 5000 Series Regulation*」, 18 February 2004.

변경된 미 획득관리규정에는 소요제기 활동과 획득 활동이 통합되었고 합동소요감독협의회(JROC: Joint Requirement Oversight Council)와 합참의장에 의해 동의된 능력영역에 대해 합동참모, 국방 연구소, 전투지휘관, DoD 콤포넌트들의 협력을 통해 합동 아키텍처 개발이 이루어진다.

미군의 획득방법은 진화적 획득 방법으로 사업이 추진되는 데 그 형태는 점진적 개발과 나선형 개발 방식으로 구분된다. 점진적 개발과 나선형 개발 방식은 최종 개발품을 인지 또는 미인지하는 등의 차이에 따라 적용방법이 달라지는 것이다.

이러한 과정 중에서 전투발전요소가 주 장비와 더불어 미래에 대한 소요가 검토되고 고려된다.

소요제기 활동의 시작은 사용자 요구(User Need)와 기술적 기회(Technology Opportunities)로부터 시작된다.

〈표 2-4〉미 소요제기 활동 구분

| 활 동 | | | 세부활동 | 소요제기문서 |
|---|---|---|---|---|
| 소요<br>제기<br>활동 | 사용자요구<br>(User Needs) | | 임무요구(Mission Needs) 활동 | ICD, CDD,<br>CDP, CRD |
| | | | 업무요구(Business Needs) 활동 | |
| | 기술적<br>기회<br>(Technology<br>Opportunities) | 과학<br>기술<br>개발 | 기초연구(Basic Research) | 각종 과학기술<br>개발계획 |
| | | | 응용연구(Applied Research) | |
| | | | 첨단기술개발(Advanced<br>Technology Development) | |
| | | 기술<br>전환 | 첨단기술시연(ATD) | 미 합참<br>전투발전요소<br>(DOTMLPE)<br>변화건의 |
| | | | 첨단개념기술시연(ACTD) | |
| | | | 실험(Experiement) | |

첫째 사용자 요구는 미 합참의 합동능력통합 및 개발체계(JCIDS: Joint Capabilities integration and Development System) 분석 절차에 의해 이루어지는데 임무 및 업무 요구에 의해 소요가 발생하면 전투발전요소에 대한 고려를 여러 단계에 걸쳐 분석을 하여 소요제기 문서인 초기능력서((ICD: Initial Capability Document), 능력개발서(CDD: Capability Development Document), 능력양산서(CPD: Capability Production Document), 중추요구서(CRD: Capstone Requirements Document)를 작성하게 된다. 이 문서를 통해서 전투발전요소 간의 상호 운용성 검토와 분석이 진행된다.

둘째 기술적 기회(Technology Opportunities)를 통해 소요제기가 발생하는데 과학기술개발 집단이 연구개발 중에 포착하는 군 능력 향상 기회를 소요로 발전시키는 활동을 의미하며 최근에는 전투실험제도가 도입되면서 사용자 측에서 신기술의 군용 전환을 적극적으로 모색하고 있다. 획득 프로세스에서 소개되는 위험을 감소시키고 과학기술 문제의 상호이해, 협력, 조정을 증진시키고 과학기술의 활동행위는 미래경쟁을 손쉽게 하기 위해 사전 배제하지 않고 모든 것을 고려한다. 과학기술 활동의 특징은 국방성 연구소 및 전투실험소, 민간학계, 상용 부분이 망라되어 국방과학기술 프로그램이 주도하며 기대되는 기술이 실제 획득절차에 사용되기 전에 위험을 감소시키는 역할을 한다. 예를 들면 기술적 기회 중의 하나인 첨단기술시연(ATD: Advanced Technology Demonstration)은 운용능력의 향상이나 비용의 절감을 위하여 첨단기술의 성숙도와 잠재력을 시연하기 위해 사용되고 첨단개념기술 시연(ACTD: Advanced Concept Technology Demonstration)은 입증된 기술의 군사적 효용성을 결정하고 최적의 작전 개념을 개발하기 위하여 사용되며 실험(Experiment)은 미래의 합동작전 능력을 획기적으로 향상시키기 위해 교리, 조직, 훈련, 무기체계, 리더십, 교육, 인력 및 시설에서 변화 가치가 큰 솔루션(Solution)을 찾아 건의하는 데 활용할 개념적 가설을 개발하기 위해 사용된다.

### 나. 미 합참의 소요결정체계

미 합참의 소요결정체계는 소요결정체계(RGS: Requirement Generation System)에서 미 합동능력통합개발체계(JCIDS: Joint Capabilities integration and Development System)로 2003년 6월 변경되었다. 〈그림 2-11〉는 미 합참의 합동개념 구현 절차로서 합참차원에서는 합동군사령부(USJFCOM: U.S. Joint Forces Command47))가 합동실험을

---

47) 합동군사령부(USJFCOM)는 약 800명으로 구성 민간인과 군인으로 구성되고 미국의 개혁실험실이라 명명되는 이곳에서 엄격한 실험을 통한 효과에 기반을 둔 합동 개념개발과 합동리더 및 합동군의 교육, 육, 해, 공군의 전투수행능력을 통합하는 역할을 수행.

통하여 미래합동개념 및 통합 아키텍처를 개발하고 평가하여 각 군에 제시하며 각 군은 교육사령부(TRADOC) 또는 전투실험소가 주관이 되어 합참에서 제시한 통합 아키텍처 내에 필요한 요구소요를 도출하여 실험과 평가를 통하여 제기하게 된다.

### 〈그림 2-11〉 미 합참 합동개념구현절차

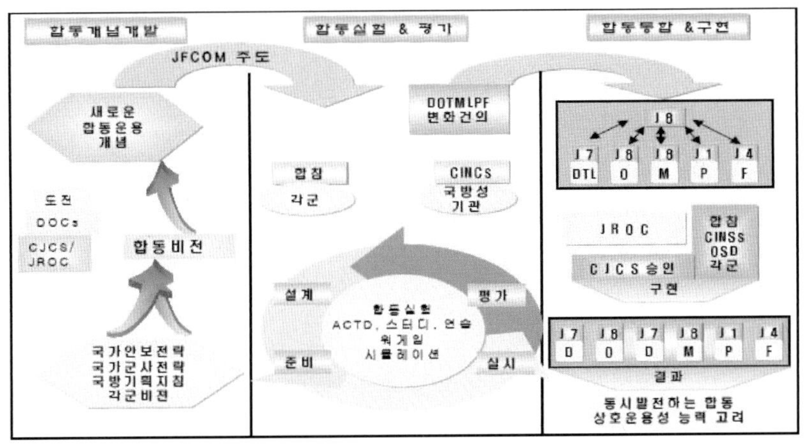


출처: 합참, 「미군의 소요결정체계 및 획득전략」, 전력부 세미나자료, 2003.

합동비전이 설정된 후 합동능력통합개발체계(JCIDS: Joint Capabilities integration and Development System)에 의해 소요가 창출되는데 그 절차는 개념 및 아키텍처 개발단계, 분석평가단계, 소요제기 및 결정단계로 구분이 된다.

### 1) 개념 및 통합아키텍처 개발단계

개념개발은 국가안보전략, 국방전략, 국가군사전략 등과 같은 최상위 지침으로부터 시작되며, 합동작전개념, 합동운용개념, 합동기능개념으로 발전된다. 일반적인 지침을 제공하는 것 이외에도 미래 합동군 특징을 합동 커뮤니티에 제공하고 보다 세분화된 개념개발을 위한 기초를 제공한다. 이 문서를 통하여 작전개념은 중요한 국가안보정책과 합동 운용/기능개념을 연결한다.

합동운용개념은 각 군 및 합동기능개념들을 통합해서 군사작전 분야의 특정한 부분에 적용시킨다. 합동군 사령관들이 잠재적인 적국에 대해 분석하고 위기상항에 대하여 합동군을 계획하고 준비, 배치, 고용 및 유지하는 방법을 설명함으로써 합동작전개념을 수행한다. 합동운용개념은 통합능력을 가능하게 할 수 있도록 합동기능과 각 군 개념 개발을 통합하고 가이드하며 결정권자가 대안개념들과 전투발전 분야 해결을 비교할 수 있도록 실험과 평가를 통해 측정가능하도록 상세하게 설명된다. 합동기능개념은 군사작전의 전 분야에 걸쳐서 임무를 달성하기 위하여 요구되는 관련 군사능력을 통합하고 합동운용개념으로부터 명확한 내용을 도출하고 실험과 효과도 측정을 수행하기 위하여 상세하게 공통의 특성을 촉진시킨다.

통합 아키텍처는 시스템 개발자에게 개념을 전달하는 체계적인 방법이다. 이러한 현용문서들은 기능분석수행을 위한 골격과 상호 운용성을 촉진하기 위한 도구를 제공한다. 운용적인 관점, 시스템적인 관점, 기능적인 관점으로 구분된다. 운용적인 관점은 운용개념과 관련된 능력들이 내부적으로 어떻게 밀접한 관련이 있는지 설명하는 데 초점을 둔다. 이것은 전투원에 의해 크게 영향을 받고 합동운용이 어떻게 수행될 것인지에 대해 초점을 둔다. 시스템적인 관점에서 확인된 절차 내에서 시스템 성능에 대한 데이터를 제공하는 물리적인 관점에 초점을 둔다. 기능적인 관점은 시스템과 시스템을 연결해 주는 역할을 하는 개념이다.

## 2) 분석절차

미 합동능력통합 및 개발체계 분석 절차[48]는 특성화된 기능 또는 운용영역에 능력을 제공하기 위한 접근법, 능력 요구, 능력 차이(gap)[49]를 설정하기 위한 4계단 방법론 구조로 구성되어 있다. 국가 국방정책과 합동정책구조에 집중돼 있으며 합동능력통합 및 개발체계(JCIDS) 분석은 첫 시작은 통합된 개발, 합동군 운용과 미 합참 전투발전요소(DOTMLPF) 능력 그리고 부족이 존재한다는 것에 대한 이해로부터 시작하며 전투 지휘관과 합동 전장능력평가 팀을 포함하는 수많은 조직에 의해 수행된다.

합동능력통합 및 개발체계(JCIDS) 분석 시 스폰서[50]는 가능한 빨리 팀이 구성되는 것을 요구하며 많은 조직들을 통한 공동 노력을 손쉽게 하기 위해 분석하는 동안 합동전투능력평가(JWCA: Joint Warfighting Capability Assessment) 팀의 충고와 조언을 가능한 빨리 찾는다. 합동능력통합개발체계(JCIDS) 분석은 스폰서를 이끌어 주고 초기능력서(ICD)의 개발을 위한 정보를 제공해 주는 역할을 한다.

---

48) CJCSM 3170.01C, 24. JUNE. 2003, pp.a−1~a−4, 요약.
49) 상호의존적인 자원(미 합참 전투발전요소(DOTMLPF))이 현재 불가용하지만 차후에 효과적인 과업 수행을 통해 달성할 수 있는 차이.
50) 스폰서: 소요제기 및 획득절차를 지원하기 위하여 필요한 모든 일반문서의 작성, 주기적 보고, 자금지원조치 등을 책임지는 국방성 콤포넌트.

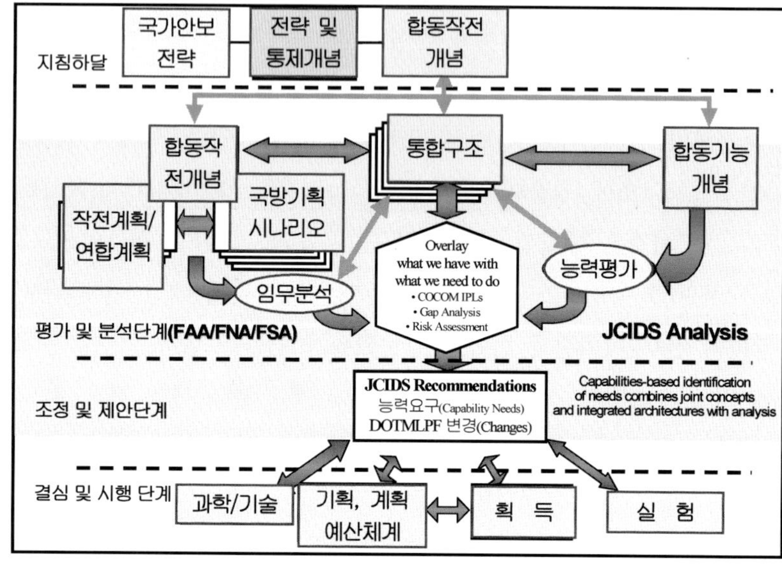

<그림 2-12> 합동능력통합 및 개발체계 분석절차



출처: CJCSM 3170.01C, 24. JUNE. 2003, p.a-1.

## 가) 기능영역분석(FAA: Functional Area Analysis)

기능영역분석(FAA)은 스폰서에 의해 수행되는데 기능영역분석 (FAA)에서 군사목표를 달성하는 데 필요한 운용과업, 조건, 표준을 식별한다.

국가 전략, 합동운용개념(JOC: Joint Operating Concepts), 합동기 능개념(JFC: Joint Functional Concepts), 통합 아키텍처, 일반적인 합 동과업목록이 입력자료로서 사용되며 결과는 기능요구분석(FNA)에 서 재검토된다. 기능영역분석은 상호 협력하여 행해지며 운용과업, 조 건, 표준을 식별함에 있어서 상반된 능력과 시스템 분석을 포함한다.

### 나) 기능요구분석(FNA: Functional Needs Analysis)

기능요구분석(FNA)은 JCIDS의 두 번째 스텝(Step)이다. 스폰서가 기능요구분석을 수행하며 기능영역분석(FAA)에서 식별된 과업을 완성하기 위해 운용조건과 설계표준의 전 범위 내에서 현재의 능력과 계획된 능력들을 평가한다. 기능요구분석(FNA)은 식별된 과업을 최초의 입력자료로 사용하여 능력 차이(gap) 또는 단점을 작성한다. 기능요구분석(FNA)은 다음과 같은 것을 수행한다.

첫째 운용 또는 폭넓은 효과로부터 능력 차이(gap), 중복성 또는 문제점을 설명하고 전투 지휘자 문제(issue)와 통합 권위 목록에 식별된 문제 또는 차이(gap)를 고려하고 있으며 미래 상반된 위협 능력 및 과학기술 개발을 고려하고 있다.

둘째 부가적인 기능영역은 문제 또는 해결방법이 포함되는지에 대해 설명하고 있다.

셋째 문제를 풀기 위해 능력들의 중요특성을 설명하고, 일정요소, 거리, 효과, 장애물에 대해 설명한다. 또한 이 분석은 효과도의 개발을 가능하게 한다.

넷째 합동소요감독협의회에서 제안된 능력을 개선하거나 감소시킬 때 통합된 아키텍처로부터 이어받은 기능영역 효과도를 식별한다.

### 다) 기능솔루션분석(FSA: Functional Solution Analysis)

기능솔루션분석은 합동능력통합개발체계(JCIDS) 분석의 3번째 스텝(Step)이다. 스폰서가 기능솔루션분석(FSA)을 수행하며, 기능요구분석(FNA)에서 식별된 하나 또는 더 많은 능력 차이(gap)들을 해결하기 위해 체계에 내재되어 있는 미 합참 전투발전요소(DOTMLPF)의 접근법에 기초를 둔다. 기능요구분석(FNA)에서 식별된 요구들은 기능솔루션분석(FSA)에서는 입력 값들이다. 기능솔루션분석(FSA) 결과물은 요구에 대한 잠재적인 해결 방안이다. 미 합참 전투발전요소(DOTMLPF) 변화는 존재하는 무기체계 및 비무기체계의 개선을 발생시킨다. 기능솔루션분석(FSA)은 3가지 하부스텝(Step)으로 구성되어 있으며 그 절차는 다음과 같다.

### (1) 미 합참 전투발전요소 분석(DOTMLPF Analysis)

기능솔루션분석(FSA)의 첫 서브스텝인 통합된 미 합참 전투발전요소(DOTMLPF) 분석은 기능요구분석(FNA)에서 식별된 능력 차이(gap)를 채울 수 있는가를 정의하는 것이다. 스폰서는 미 합참 전투발전요소(DOTMLPF) 접근방법이 완전 또는 부분적으로 설명되면 적절한 국방성 콤포넌트와 함께 개설된 절차를 통해 진행한다. 그러나 스폰서가 무기체계 접근이 요구된 것으로 정의한다면 기능솔루션분석(FSA)절차는 서브스텝 2를 통해 계속된다. 일반적으로 능력제안서는 미 합참 전투발전요소(DOTMLPF) 변화와 무기체계 변화들이 결합되어 포함된다면 서브스텝 2를 통해 계속 진행된다.

### (2) 무기체계 접근법에 관한 견해(Ideas for Materiel Approaches)

무기체계 접근법에 관한 견해는 서브스텝 2단계로서 전문가 의견과 다른 자원들이 요구한 능력들을 제공하기 위해 무기체계 접근법을 식별해야 하는데 서브스텝 2의 특징은 연방군 지휘자의 미래요구를 반영한 통합된 형태의 잠재적인 해결방안을 개발하는 것을 의미한다. 프로세스는 모든 정부 기관의 전문가에 대한 산업 활동이 증가하는 만큼 가능한 무기체계 접근법을 식별하는 데 있어서 항상 존재하고 식별 가능한 요구 능력을 충족하기 위해 변화될 수 있는 미래 무기체계 접근방법들을 포함한다. 제안된 무기체계 해결방법을 고려 시 미 합참 전투발전요소(DOTMLPF)를 내포하는 것을 염두에 두고 통합된 프로세스를 통해 고려한다.

### (3) 무기체계 접근분석(AMA: Analysis of Materiel Approaches)

무기체계 접근분석(AMA)은 합동능력을 제공하기 위해서 무기체계 접근을 위한 가장 좋은 방법을 결정하고 최선의 대안들은 평가하지 않는다.

(가) 스폰서는 무기체계 접근법에 대한 견해와 미 합참 전투발전요소(DOTMLPF) 분석, 기능요구분석(FNA), 기능영역분석(FAA) 동안 획득된 정보를 대조한다. 이 경우에 합동참모 J-8(소요 및 획득부서)과 적절한 합동전투능력평가 팀으로부터 지지를 받는 스폰서가 적절한 연구소에 정보를 제공해야 하는지 아니면 무기체계 접근분석(AMA)을 수행해야 하는지를 결정한다.

(나) 무기체계 접근분석(AMA)은 능력 차이(gap), 군사 운용의 특별한 범위, 무기체계 접근분석(AMA)이 수행해야 하는 조건, 융합된 아키텍처의 지원과 관련 있는 다른 요인을 고려한다.

(다) 무기체계 접근분석(AMA)은 잘 제안된 무기체계 접근법이 식별된 능력 차이(gap)를 다루는 것과 요구된 효과를 제공하는지를 결정해야 한다. 무기체계 접근법은 능력 차이(gap)를 채우기 위해 다른 접근법을 가지는 체계집단, 복합집단을 포함하고 체계집단, 복합집단에 포함되어 있는 미 합참 전투발전요소(DOTMLPF) 변화를 고려한다.

(라) 무기체계 접근분석(AMA)의 생산물은 요구된 능력을 잘 제공하느냐에 대한 무기체계 접근법의 우선순위 목록이다. 우선순위 목록은 초기성능서 작성에서 가용한 가장 좋은 데이터를 사용함에 있어 과학기술 성숙도, 과학기술 위험, 지원성 및 저장성을 고려하며 무기

체계 접근분석(AMA)은 각 접근법과 관련된 운용위험을 고려하고 각 접근법에 통합된 미 합참 전투발전요소(DOTMLPF)에 내포된 것과 범위를 고려한다.

### 라) 사후독립분석(PIA: Post Independent Analysis)

합동능력통합체계(JCIDS) 분석 절차의 마지막 스텝(Step)은 사후독립 분석이다. 스폰서는 통합된 미 합참 전투발전요소(DOTMLPF) 접근법 또는 합동능력 차이(gap)를 다루는 접근법 분석결과와 편집된 정보를 고려한다. 이 정보는 미 합참 전투발전요소(DOTMLPF) 변화 건의 또는 초기능력서(ICD)에 대해 작성 건의를 한다.

미 합참의 새로운 소요결정체계 절차를 분석해 보면 무기체계 소요와 비무기체계 소요와의 밀접한 관계를 볼 수 있으며 모든 분야에서 전투발전요소에 대해 고려하고 있다는 것을 알 수 있다. 첨단화되어 가고 복잡해지는 무기체계를 효율적으로 운용하기 위해 신기술, 신교리, 신조직에 대해 소요제기하고 시험하고 분석하는 절차를 적용하고 있으며 무기체계(M) 소요와 비무기체계(DOTPLF) 소요 간의 관계를 고려하고 있다.

## 다. 미 육군의 소요제기 및 검증절차

미 육군의 경우 합참에서 제시한 소요결정과정이 적용된 지침이나 규정이 개선된 사항은 미 육군교육사의 전력 소요결정과정(TRADOC Pamphlet 71-9) 자료 및 국방연구원, 합참 등에서 발간된 자료를 참고하였다.

과거에는 국방성 주관하에 방위산업체별로 무기체계를 개발하는 과정에서 실험을 실시하였고 시제품이 생산되면 야전에 배치하여 작전운용성을 검토하고 분석하는 형태를 보였다. 그러나 이러한 방식을 적용할 경우 소요제기에서 야전의 배치가 10~15년이 소요되어 모든 것이 빠르게 변하고 발전하는 정보화 시대에는 적합하지 못하기 때문에 미 육군은 첨단과학과 디지털 정보기술을 군에 도입하여 교리, 편성, 훈련 등을 통합하여 상승효과를 얻기 위해 전투실험을 도입하였다.

### 1) 미 육군의 소요제기 특징

미 육군은 최초 소요제기가 발생한 시점에서부터 무기체계가 개발되어 배치되는 과정에서 어느 시점에서든지 새로운 기술이 개발되면 이를 탄력성 있게 흡수하고자 하였으며 야전에 배치하기 전에 기본적인 작전 운용성까지 검증하고자 하였다. 이렇게 함으로써 새로운 체계의 개발기간을 단축시키고 새로운 체계가 개발 및 배치될 때까지 이를 운용할 부대가 교리, 편성, 및 훈련 등을 미리 변경, 적용할 수 있는 여건을 제공한다. 소요제기에 사용되는 전투실험의 특징을 살펴보면 다음과 같다.

첫째 합동 및 육군 능력 소요에 대한 전반적 접근방법이 작전 측면 위주에서 다양한 위협을 고려하는 것으로 전환되었고 둘째 미 육군의 전투발전요소(DTLOMS) 분야에서의 변화가 발생되면 소요로 인식하되, 획득 비용 및 기간 때문에 무기체계 소요를 가장 바람직하지 않은 것으로 간주한다.

셋째 과거에는 다른 미 육군 전투발전요소(DTLOMS) 기관으로부터 최소한의 입력을 받아 전투발전자가 소요를 개발하였으나 현재는 다양한 전문 인력으로 구성된 팀의 노력에 의한 소요가 판단된다. 넷째 미 육군 전투발전요소(DTLOMS) 분야별로 다른 절차와 승인 기간이 있었으나 모든 소요의 승인기관을 교육사령관으로 단일화하였다.

### 2) 소요제기 절차

냉전종식과 더불어 미 육군은 소요제기 절차를 개선시킬 필요를 인식하였다. 그것은 기존 개념기반 소요체계(CBRS)의 주요 '위협' 대신

고도의 기술 집약적 잠재전투력을 지닌 국가들의 다양한 위협들이 등장하였기 때문이다.

이와 같이 새로운 위협이 등장하고 자원이 감축된 상태에서 육군은 기존의 역할에서 탈피하여 전방배치군에서 부대 투입군으로 탈바꿈하게 되었다. 교육사는 군 소요제기 결정을 새로운 방법으로 검증하고 획득과정을 개선하기 위하여 전투실험소를 설립하였다. 이를 통해 〈그림 2-13〉과 같이 미래에 대한 예측과 모의 전투실험을 주도하도록 하였으며 어떤 소요제기들이 유용한 것인가를 분별하였다.

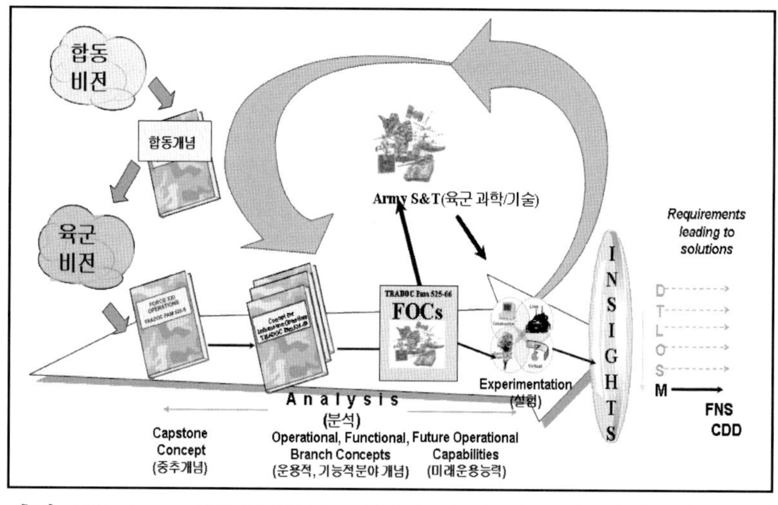

〈그림 2-13〉 미 육군의 소요결정과정



출처: U.S. Army, 「*TRADOC Pamphlet 71-9*」, 5 November 1999, p.11.

육군의 각급 학교, 기관 및 사령부는 미래운용능력(FOCs)을 충족하는 신기술 및 신개념의 무기체계, 교리, 조직 등에 대한 아이디어를 발의하고 이 아이디어를 이미 구축한 운용개념에 따라 실험, 연구 및 분석, 시험, 시뮬레이션 등이 포함되는 전투실험을 통하여 평가 및 결과를 분석검토하면서 얻는 통찰사항(Insights)에 바탕을 두고 미 육군 전투발전요소(DTLOMS)의 변화를 건의한다.

미 육군은 전투실험에 의해 생성된 자료를 분석하여 소요문서를 승인하는 절차를 거친다. 미 육군 전투발전요소(DTLOMS) 분석은 미래 운용능력(FOCs)을 달성하는 가장 효과적이고 시기적절하며 최소 비용의 수단을 결정한다. 통합개념 팀(ICT) 또는 전투발전 대표자는 미래 운용능력(FOC)을 충족하는 가능한 대안을 찾기 위해 개념연구, 기술기회, 실험 등을 통한 연구 탐색을 실시한다. 미 육군 전투발전요소(DTLOMS)에 대한 변경요구는 시뮬레이션에 의한 분석으로 명확히 식별을 하고 특정 계획(교리변경: 교육사 DLMP(Doctrine Literature Master Plan), 훈련변경: CATS(Combined Arms Training Strategy)) 또는 프로그램의 변경에 영향을 끼치게 되어 있어 전투발전요소의 변화에 대해 민감한 반응을 나타낸다.

〈표 2-5〉 미 육군 전투실험소 실험절차

| 구 분 | 실험절차 | 수행내용 |
|---|---|---|
| 제1단계 | 비전제시 | • 'Army Vision 2010', '21C 미 육군운용' 등에서 비전도출 및 제시 |
| 제2단계 | 전투수행개념 구체화 | • ICT편성, 개념구체화 및 핵심과업도출 |
| 제3단계 | 미래작전능력 검토 | • FOC를 작성 및 종합<br>(TRADOC Plam 525-66으로 종합) |
| 제4단계 | 실험소 실험진행 | • CEP, LOE, ATD 중 필요한 실험실시 |
| 제5단계 | 분석 및 고찰 | • 실험결과 산출된 산물을 실험소 요원과 통합개념 팀 간의 토의 및 검토 |
| 제6단계 | 실험결과를 전투발전요소(DTLOMS)로 적용 전투력 발휘 | • 실험결과 문서작성, 실험결과를 미 육군전투발전요소(DTLOMS)별로 반영 |

출처: 탁일영, "국방 소요제기 및 결정체계 발전방안 연구", 2002, 국방대, p.52.

### 3) 전투실험 수행 내용

#### 가) 개념실험프로그램(CEP: Concept Experimentation Program)[51]

미 교육사 전투실험실에서 주관하는 프로그램으로 신기술 무기체계 창안, 전투수행아이디어를 평가할 능력을 제공하는데 이 프로그램은 미래운용능력에 대한 미 육군 전투발전요소(DTLOMS)의 해답이 유도 될 만한 아이디어가 있을 때 그것의 효용성과 잠재력을 평가 및 결정 하기 위한 실험을 한다. 새로운 부대의 조직편성과 새 기술의 장비 및 무기체계와 교리, 교육훈련 변경 등에 대해여 실험업무를 수행한다.

#### 나) 첨단전투실험(AWE: Advanced Warfighting Experiment)[52]

첨단전투실험은 워게임 모의에 의한 시나리오 및 현안분석에 대한 예측결과를 실기동 모의에 의해 실제 검증하여 데이터를 수집하고 이 를 다시 워게임 모의로 확인하는 실험방법이다. 전투력 수행 능력 면에 서 시너지를 평가하는 실험으로서 미 육군의 전투발전요소(DTLOMS) 전 분야에 대해 고려하며 전술적인 능력이 있는 상대의 부대를 대응하 기 위해 새로운 부대구조, 교리, 무기체계를 결합하여 시너지를 얻도록 하는 것이다. 첨단전투실험의 스폰서는 교육사령관이며 육군참모총장 이 승인하고 자원을 배분한다. 첨단전투실험은 가상 시뮬레이션이 중 요한 분야이며 이것을 통해 다른 환경, 다른 임무, 다른 위협에서의 전 투수행능력을 분석하며 그리고 소요결정을 수행하기 위해 통계적 신뢰 성을 획득하도록 반복적 시뮬레이션을 시행한다.

첨단전투실험은 새로운 무기체계를 도입하게 될 특정 부대의 미 육

---

51) 서정해 외 2, 「합동/국방차원의 전투실험과정을 포함한 새로운 군 소요 결정체계 정립」(서울: 국방연구원, 2001), p.225.
52) 서정해 외 2, 전게서, p.228.

군 전투발전요소를 고루 평가하기 위한 실험이다.

### 다) 제한된 목적 실험(LOE: Limited Objective Experiment)[53]

한 가지 이슈와 관련하여 1회 시뮬레이션 또는 점진적, 반복적 시뮬레이션으로 설계된다. 제한 목적 실험(LOE)은 전투실험소에서 한 가지 이슈 또는 제한적인 수의 이슈에 대하여 저비용의 신속한 분석을 제공한다. 제한 목적 실험(LOE)은 보통 한 전투실험소가 스폰서가 되나 실험의 계획과 시행에는 여러 전투실험소가 참여할 수 있다.

### 라) 첨단개념기술시연
### (ACTD: Advanced Concept Technology Demonstration)[54]

소요를 정교화하고 통찰력을 제공하는 데 그 목적이 있으며 이 실험은 교리, 전투수행개념, 전술, 현대화 계획, 훈련 등에서 잠재적 변화를 평가하는 데 사용된다. ACTD 계획에 명시될 포함 사항[55]은 다음과 같다.

---

○ 교리: 교리 및 TTP[56](전술, 전기, 절차)를 문서화하기 위한 FM(교범) 또는 전투수행개념 수정사항
○ 훈련: 훈련계획, 훈련보조물, 장치, 시뮬레이션, 또는 시뮬레이터의 소요, 교육계획표, 기존의 교육계획표 수정사항
○ 조직: ACTD를 위하여 고안된 신조직에 필요한 실험적 TOE,[57] 목표하는 조직을 위한 수정된 TOE
○ 병사: 필요한 군사특기의 수정사항

---

53) 서정해 외 2, 전게서, p.230.
54) 서정해 외 2, 전게서, p.232.
55) 서정해 외 2, 전게서, p.240.
56) TTP: Tactics, Techniques, and Procedures.
57) TOE: Table of Organization and Equipment.

## 2. 시험평가 절차

시험평가는 일반적으로 기술시험 및 평가(DT&E: Developmental Test & Evaluation)와 운용시험 및 평가(OT&E: Operational Test & Evaluation)로 구분된다. 기술시험평가(DT)는 시제품에 대한 기술상의 능력(신뢰도, 가용도, 정비유지성, 적합성, 호환성, 대환경성, 안전성, 지원요소)을 측정하고 설계상의 중요한 문제점이 해결되었는지를 확인할 수 있다. 또한 운용시험평가(OT)는 군 운용상의 적합성을 평가하는 시험으로 각종 작전환경 및 이와 동일한 조건하에서 요구운영 능력 충족 여부를 확인하고 교리, 편성, 종합군수지원요소 등의 적합성을 평가하는 것이다.[58]

### 가. 미 국방성 시험평가의 일반적인 형태[59]

시험평가 가운데 기술시험평가[60]는 기술요건이 만족되는지 독립적인 분석과 시험이 시스템 운용효과도와 적합성을 검증하는지 확인한다. 전통과 지침에 따라 미 국방성의 시험평가 분류는 다음과 같다.

○ 기술적 성과에 초점을 둔 기술시험평가
○ 운용효과도와 적합성에 초점을 둔 초기단계 운용평가(EOA: Early Operational Assessment), 운용평가(OA: Operational Assessment), 최초 운용시험평가(IOT&E: Initial Operational Test and Evaluation), 후속 운용시험평가(FOT&E: Follow Operational Test and Evaluation)
○ 요구되는 과업에 상응하는 실제 조건하에서 시스템의 취약점과 치사율에 대한 평가 결과를 제공하는 실운용시험평가

---

58) 신현인 외 1, "모델링 및 시뮬레이션에 의한 시험평가", 국방연구원, 2002, p.179.

59) 권용수, 민성기, 「시스템엔지니어링 입문」(서울: 문원, 2002), p.96.

60) 방위사업 시행규칙(국방부령 제598호, 2006. 1. 1.)에는 기존의 기술시험평가를 개발시험평가로 용어 수정.

## 나. 시험계획 실무그룹/시험작업 통합생산 팀[61]

시험계획 실무그룹/시험작업 통합제품 팀은 시스템 개발 단계의 재료 개발업체, 설계공동체, 물류공동체, 사용자, 운용상 시험자 및 다른 이해당사자로 대표되는 구성원들 사이의 밀접한 협력을 통하여 시험요건과 활동의 통합을 용이하게 한다. 이 팀은 시스템요건기반시험 요구의 개략적 설명, 시험 설계에 대한 지시, 각각의 시험에 요구되는 분석 결정, 시험결과의 잠재 사용자 식별 및 시험평가 결과를 신속하게 전파하는 기능을 수행한다.

## 다. 시험평가 분석

개정된 미 국방성 획득관리규정에는 전 단계에 시험평가 적용을 강조하고 있으며 기술시험평가 및 운용시험평가에 대하여 실시험평가보다는 모델링 및 시뮬레이션에 의한 시험평가를 강조하고 있다.

### 1) 기술시험평가

기술시험평가를 통해 시스템에 대한 시스템엔지니어링 설계 및 개발이 완료되고 설계 위험요소가 최소화되었는지 시스템이 요구되고 규정된 대로 능력을 발휘하는지에 대한 입증을 하고 군수기술적 측면(지원성, 정비성, 신뢰성 등)뿐만 아니라 기존 혹은 계획된 시스템과 관련한 적합성, 호환성에 대해서도 다루고 있으며, OT&E, 실운용시험 및 기타 요구된 사항을 위하여 준비된 시스템을 증명하기 위한 자료 분석을 제공한다. 또한 기술시험평가에서 운용형태요약 및 임무유형(OMS/MP: Operational Mode Summary/Mission Profile)[62]을 고

---

61) 권용수, 민성기, 전게서, p.97.

려하여 평가를 하고 있다.

### 2) 운용시험평가

운용시험평가는 최초운용시험평가, 후속운용시험평가로 구분되는데 최초 운용시험평가는 시스템의 운용효과성과 적합성을 평가하기 위하여 수행되며 일반적으로 소량의 초도생산 제품을 이용하여 중요생산 결정을 내리기 이전에 완료하며 후속운용시험평가는 최초 생산결정 후 또는 최초 생산 제품에 대한 수락 후에 실시되며 무기체계 전순기에 걸쳐 실시될 수 있다.

최근 운용시험평가의 중점은 해당 무기체계의 전투임무수행능력에 중점을 둔 운용시험평가로 발전하고 있으며 임무달성도 및 생존성을 평가하여 운용효과도를 평가하는데 이 내용에 조직, 전술, 교리 등의 요건을 포함하고 있다.[63] 운용 적합성은 지원성, 정비성, 조화력 등을 고려하여 시스템이 운용환경에 잘 적응하도록 고려한다.

운용시험평가의 주요 목표는 시스템에 대한 운용효과 및 운용의 적합성 측정, 필요한 수정 분야의 식별, 전술, 교리, 조직 및 인원의 요건에 대한 정보의 제공, 각종 설명서, 편람, 지원계획서, 및 문서화 내역들의 지원성을 지원하거나 검증할 수 있는 자료의 제공을 목표로 하며 전투발전요소의 상관관계를 확인하는 절차를 가진다.

---

62) OMS/MP란 교육훈련, 전술훈련을 분석하고, 신교리를 고려하여 교육훈련에 대한 분석과 장비 운용형태별 분석하는 기법.
63) 박수현, "미국의 시험평가와 우리의 차이점", 국방연구원, 2000, pp.34-35.

| 보충설명 |

## 《 미 육군의 시험평가 업무 》

### ■ 개  요

무기체계는 전투력을 결정하는 핵심적인 요소로서 무기체계에 대한 올바른 획득관리정책은 방위력 개선사업을 이끄는 결정적인 요소이며 국방자원 관리의 효율화를 위한 중요한 관리 영역임에 틀림없다. 특히 군사과학기술의 발전과 함께 무기체계는 더욱 고도로 정밀화되고 단위 사업당 획득비용도 고액 대형화되어 가고 있다. 무기체계의 수명주기(Life-Cycle)도 갈수록 단기화되고 있어 무기체계 획득의 적시성, 경제성 제고 등 고도의 전문적인 획득관리능력이 요구되며 그 추진과정에 있어서 합리성·투명성·책임성이 더욱 요구된다.

이러한 시험평가에 있어서 미 육군규정에 명시된 시험평가의 목적을 인용하면 다음과 같다.

첫째 획득 간 발생되는 위험성 여부를 판단한다.

둘째 기술적 성능, 목적 및 적합성 달성 여부를 확인한다.

셋째 운용 간 효과 및 적합성을 평가한다.

넷째 장비 결합이 발생할 경우 이를 수정 및 확인한다.

다섯째 훈련 요구조건을 파악하고 육군체계, NATO 및 타 군 체계 간의 호환성 및 상호 운용성을 파악한다. 위에 명시된 목적 외에 무기체계에 대한 시험평가를 실시하는 사유를 다음과 같이 구체적으로 열거하고 있다.

첫째 체계획득 및 사용의 복잡성을 파악하고 사용 간 기능을 보장한다.

둘째 위험한 환경하에서 체계사용의 가능성을 확인한다.

셋째 개발비용의 적정성을 판단하며 설계를 보완할 수 있는 자료를 공급한다.

넷째 안전성과 인간공학적 적합성을 확인하며 모델링 및 시뮬레이션 결과를 검증한다.

특히 무기체계의 시험은 다음과 같은 특성 때문에 넓은 지역의 실내 및 야외 시험시설과 아울러 민수물자 시험과 비교하여 상대적으로 높은 시험 신뢰성이 요구된다고 강조하고 있다.

첫째 동일 현상을 재현할 수 없다.

둘째 높은 수준의 계측 정확도가 필요하다.

셋째 시험조건이 광범위하고 다양하다.

넷째 비용이 많이 들고 위험부담이 크다.

## ■ 미 육군 변혁추진을 위한 시험평가방안

### 1. 개  요

미 육군은 미래전투체계를 강력히 추진하기 위한 일환으로 1999년 10월 1일, 독립적으로 운영되던 운용시험평가 사령부(Operational Test and Evaluation Command, OPTEC)를 미 육군 시험평가사령부(Army Test and Evaluation Command, ATEC)로 승격시켰다. ATEC는 새로이 편성된 이래 실무책임자들의 조직개선 및 강화를 위한 각고의 노력으로 인해 시험평가업무와 관련하여 최근에 그 빛을 보았다. 시험평가 업무가 통합되면서 ATEC는 기술 및 운용시험 분야에 대한 모든 것을 계획, 준비 및 실시하는 유일무이한 조직이 되었다.

미 육군이 변혁을 급속도로 추진함에 따라 ATEC의 역할은 현재 더욱 중요하게 되었다. 개편 후 최초로 스트라이커 계열 차량에 대한 시험을 실시하였고 모든 업무 수행 간 획득 공동체(Acquisition Community)와 매우 긴밀한 관계를 유지하게 되었다. 이러한 시험평가를 위한 시설들의 수준은 매우 광범위하고 높다. ATEC는 기술시험을 위한 프로그램에 의해 무기체계 개발업체(Materiel Development Community)를 지원하며 운용시험결과를 통하여 최종적으로 야전 배치할 것인지를 결정한다. ATEC는 플랫폼 차원을 넘어서는 분야에 대하여 검토하고 전장의 미래 총합체계(System-of-Systems)의 한계와 능력을 시험하기 위해 산업계와 프로그램 관리자들과 협력한다. 육군 예하의 분산 운용되던 실험연구소들은 ATEC가 통제하게 되었다. 〈표 1〉에서 보시는 바와 같이 시험평가 사령부(Test and Evaluation Command, TECOM)는 기술시험사령부(Developmental Test Command, DTC)로, 시험 및 실험사령부(Test and Experimentation Command, TEXCOM)는 운용시험사령부(Operational Test Command, OTC)로 개편되었다.

〈표 1: 미 육군 시험평가 사령부 편성〉

그리고 운용평가 사령부(Operational Evaluation Command)와 평가분석센터(Evaluation Analysis Center)를 통합하여 새로운 평가센터(Army Evaluation Center, AEC)로 편성되었다. 이 센터는 ATEC에게 기술시험과 운용시험과 관련한 평가에 관한 정보를 제공하며 또한 New Mexico주의 White Sands 미사일 사격장, Utah주의 Dugway 연구소,

Arizona주의 Yuma 연구소에 대한 시설관리에 대한 책임을 맡고 있다. 2002년 10월 1일 이 시설 관리를 위해 시설관리 사무실을 설치하였다.

ATEC는 또한 Aberdeen연구소, Redstone기술연구소, 항공기술연구소, 전자장비 시험장, 한랭 지역 연구소, 열대 지역 연구소 등의 연구소들을 통제하고 있다. 그리고 그 외 여러 장소에 예하 연구기관들을 통제하고 있다. 개편 이후 ATEC는 육군 변혁을 위하여 중구적 역할을 담당해 왔다. 1999년 12월 켄터키주의 Fort Knox에서 중장갑차(Medium-weight armor)에 대한 야전 시험평가를 실시한 바 있으며 국회의 요청에 의해 Fort Lewis(Washington주)에서 M113계열과 스트라이커 계열을 비교 평가한 바 있으며 2003년 여름 Fort Knox에서 스트라이커 계열에 대한 운용시험을 실시하였다.

ATEC는 기술시험, 운용시험, 평가 등에 관하여 계획, 준비, 실시 및 통합하는 임무를 수행한다. 그 결과는 지휘관들에게 필수불가결한 정보로써 제공되며 전사(War-fighter)들에게 전 영역의 군사작전에서 승리를 보장할 수 있는 중요한 정보를 제공하기 위해 지휘관과 관련기관에 의해 평가받는 국방부 예하의 최고 시험평가관이 되기 위해 노력하고 있다. 또한 미국 내 전 대륙과 알래스카, 하와이 등에 위치하여 하루에 전 세계적으로 총 약 1,100회의 실험을 실시하고 있다.

## 2. 기술시험(Developmental Testing)

기술시험사령부(Developmental Test Command, DTC)는 미 육군의 기술시험 분야를 담당하고 있는 최고기관으로서 국방부 내에서 가장 광범위하고 다양한 시험기법 및 기술로 열대, 한대, 사막 지역, 기타 자연적이거나 인공적인 환경하에서 엄격한 기상조건으로 고도의 기술이 갖추어진 시험장과 부대시설을 통하여 신발류로부터 미사일에 이르기까지 모든 분야의 제품을 시험할 수 있는 능력을 보유하고 있다. DTC는 다음과 같은 임무를 수행한다.

첫째 시험과정이 진행되는 도중에 개념을 변경하지 않고 기술적으로 완성할 수 있는 객관적인 시험 데이터를 제공한다.

둘째 시스템의 성능과 안전성을 결정한다.

셋째 시스템의 개발에 따른 기술적인 위험 정도를 평가하고 설계를 승인한다.

넷째 시스템과 구성요소 간에 제조설비 및 과정을 확인 감독한다.

DTC의 시험사업은 국방부, 기타 관련기관, 주 및 지방정부, 외국 및 동맹국 정부와 민간 기업들에까지도 확대되어 실시되며 프로그램 관리자 및 획득공동체(Acquisition Community)와 긴밀히 협조하여 능률적이고, 비용효과적인 시험계획을 통하여 적절한 시험프로그램을 활용하면서 획득 프로그램을 지원한다. DTC는 프로그램 관리자, 총괄실무자, 시험평가요원들로 구성된 통합생산 팀(IPT)에 의하여 획득 전략개발, 시험 및 시뮬레이션 수행전략(Test & Simulation Execution Strategy)을 지원한다.

DTC의 가상 실험장을 통하여 새로운 시험기술에 대한 투자는 시험 대상의 범위, 시제품, 종업원의 수 등을 감소시킴으로써 비교적 저렴하고 효과적인 비용으로 초기 단계에서 설계변경이 가능하다. DTC는 미 육군 미래군을 위한 변혁 추진을 지원하기 위해 기술융합개념에 의한 효과적인 비용으로 기술개발시스템에 의한 시험을 실시하고 있다. 결과적으로 DTC가 수행하는 시험은 공용통신망을 통하여 다 함께 연결되어 더욱더 정교해져 가는 군사시스템의 현실을 반영하기 위하여 변혁을 추진 중에 있다.

기술적으로 정교한 네트워크 중심의 시스템을 개발하기 위한 새로운 시험기술을 위한 투자는 다양한 시험장에서 더욱 활발해지고 있다.

DTC는 전투요원과 운용요원들의 안전을 보장하기 위하여 무기체계와 장비들에 대하여 정밀한 시험을 실시하고 다양한 조건하에 장비와 시스템을 시험한다. 시험요원은 안전에 저해되는 요소들에 대해 지휘관에게 보고하고 필요시 안전을 강화하는 대책을 건의하기도 한다. DTCDML 주요 임무 중의 하나는 안전검증프로그램을 통하여 시스템과 장비의 안전을 철저히 확인하는 것이다. DTC는 미 본토 및 세계 곳곳에 각종 연구소를 보유하고 있다.

DTC는 미 육군의 미래전투체계를 강력히 추진하기 위한 일환으로 가상 시험장을 설치 운영하고 있다. DTC는 21세기 시험능력을 향상시키기 위하여 각 연구소를 통하여 모델링 및 시뮬레이션 기술을 획득 및 발전시키며 또한 고기능 전산 및 고속통신의 기술을 보강시키고 있다.

이 시험장의 인위적인 전장 환경하에서의 시험시스템이 실질적인 작전적 조건하의 시험환경을 완전하게 충족시킬 수는 없을지라도 시스템의 효과를 평가할 수 있고 시험 프로그램을 잘 적용하기 위한 충분한 데이터를 제공할 수 있다.

미 육군의 변혁 추진에 필수불가결한 요소는 미래전투체계를 위해 전투원들이 각자의 위치에서 전투수행능력을 발휘할 수 있도록 하는 것이다. 이 가상 시험장은 여러 곳에 분산되어 운용 중인 시험과제들에 대해서 미국 전 지역의 국방부 계약고용인, 기술시험장 그리고 야전에서 대항군을 운용하여 편성부대에 의해 실제 기동훈련이 실시되는 전투훈련 시험장 등에서 다양한 연구소와 시험기법들을 통하여 지원되고 있다. 이 시험장에서 운용하고 있는 프로그램은 미래전투체계의 다양한 구성요소들에 위치하고 있는 개량 감지장치(Improved Sensor)와 시험도구를 통하여 On-Line에 통합된 다목적 정보시스템에 접속되어 시스템운용에 필요한 모든 분야의 데이터를 획득한다.

## 3. 운용시험(Operational Testing)

미 육군이 '21세기형 군'을 추진함에 따라 미 육군의 운용시험 분야의 독자적인 위치를 확보한 운용시험 사령부(Operational Test Command, OTC)는 군 관련 무기 및 장비, 교리, 부대 설계(Force Design) 및 교육훈련 등의 분야의 주요한 부분에 실질적인 운용시험을 수행하고 있다. 시험수행 간 주요 시스템 설치와 개념설정 시 결정적인 데이터를 미 육군의 주요지휘관에게 제공한다.

사령부 예하에 총 10개의 부서가 있는데 이 중 5개 부서는 사령부가 위치하고 있는 West Fort Hood에 위치하고 있으며 이곳에서 대부분의 시험 및 평가 지원활동이 이루어진다. 나머지 5개 부서는 영 외에 위치하고 있으며 시험평가 통제실은 Missouri주의 Fort Leonard Wood에 위치하고 있다. 대부분의 시험이 Fort Hood에서 다수의 장병들을 대상으로 실시되기 때문에 시험 팀은 전 세계적으로 전개하여 그들의 임무를 수행하고 있다. 이 사령부는 장병들이 위치하는 모든 지역에서 그들의 임무수행에 적합한 무기 및 장비를 제작하기 위한 운용시험을 실시하고 있다. 그리고 이러한 요구에 충분히 부응할 수 있도록 합동군에 대한 몇 가지 운용시험을 수행 중에 있는데 미 육군이 추진하고 있는 '21세기형 군'의 목표를 달성할 수 있는 생산품을 생산하기 위한 운용시험의 다음 단계인 획득 과정과도 연관이 있다. 이 생산품은 장병들이 실제 전투 간 사용 가능한지를 시험하기 위해 장병들에게 넘겨진다. 이 생산품은 모델링 및 시뮬레이션을 통한 기술개발시스템에 의한 기술을 활용하여 군 운용의 적합성 및 작전운용성능의 충족도에 대해 상세히 기록한 시험데이터를 수집하기 위하여 사용된다.

2002년 6월에 운용시험과 관련된 기술적 능력을 통합할 수 있도록 본부 예하의 변혁기술처(Transformation Technology Directorate, TTD)를 새로이 설치하였다. 이 부서에서는 미 육군변혁 추진 과정에서 운용시험과 관련된 기술개발에 우선순위를 두면서 미래기술 개발을 담당하며 동시에 시험 팀에게는 현재 운용되는 기술에 대한 전문적인 조언을 제공한다. 또한 시스템관리자로서 기술개발 및 획득을 위한 임무를 수행하며 또한 시험 간에 활용 중인 기술을 감시하면서 특별히 출원된 기술을 검증한다. 현재까지 주로 사용된 시스템은 운용 시의 모델링 및 시뮬레이션 간 보조수단으로 사용되던 기술들을 통합한 분석적 시뮬레이션 OASIS(OTC Analytic Simulation and Instrumentation Suite)이다.

운용시험 사령부는 미 육군의 미래전투체계 지원을 최우선 과업으로 선정하여 임무를 수행 중이며 이와 관련하여 최초 운용시험(Initial Operational Test, IOT) 시 소규모 핵심 위주로 제한된 사용자에 의해 실질적이고 작전적인 조건하에 시험을 실시한다. 미래전투체계의 특성을 고려해 볼 때 최초 운용시험은 비교적 규모가 크고 복잡다양하다. 미래전투체계의 구성요소 간의 상호 운용성을 평가하기 위한 수단이며 가장 포괄적이고 운용적인 문제이기 때문이기도 하다. 삽으로 참호를 구축하는 정도의 소규모 운용시험으로부터 미래전투체계에 관한 대규모의 운용시험에 이르기까지 광범위한 임무를 수행하는 운용시험본부의 기본철학은 '시험 간 진실(Truth in Testing)'이다.

## 4. 평  가

평가센터(Army Evaluation Center, AEC)는 1999년에 운용평가 사령부(Operational Evaluation Command)와 평가분석센터(Evaluation Analysis Center)의 예하 조직들을 통합하여 ATEC 예하에 편성하였다.

　최초 운용시험 단계에서 비교적 간단한 방법으로 실험평가되던 것이 획득 수명주기를 통하여 모든 단계에서 철저히 평가되고 제품 개발자에게 환류되는 방법으로 발전되었다.

　기술시험 및 운용시험을 거친 각종 품목 및 시스템이 육군 변혁을 위하여 그리고 21세기 미래 전장을 주도할 수 있을 것인가를 최종적으로 평가한다. 평가단계에 이르기 이전에 평가계획과, 전략 및 목표가 일관되게 진행되는지를 획득 전 과정을 통하여 확인한다. 평가결과에 따라 품목의 디자인 및 기능을 결정하기 때문에 그 이전 단계에서 어떤 획득 프로그램이라도 최종 생산품에 대하여 그 기능 및 가치를 명확하게 결정한다. 또한 육군 지휘부에 각 시스템의 효과, 적합성, 수명 정도 등을 평가한 결과를 보고하며 국회의 요청이 있을 경우는 국회에 자료를 제출하거나 보고한다.

　이 센터는 8개의 전장운용 시스템평가 부서로 이루어져 있는데 방공 및 미사일 방어, 항공, 근접전투, 화력지원, 정보기술, 정보 및 지휘·통제·통신 등으로 이루어져 있다. 또한 새롭게 조직된 alforns 변혁처와 종합군수지원의 3개의 신뢰성, 지속성 및 생존성과 관련된 부서들로 구성되어 있다.

　전투요원들이 임무를 성공적으로 수행할 수 있도록 신뢰받고 포괄적인 맞춤형 평가 및 분석을 통하여 국방부 내의 최고 평가기관의 위상을 확고히 하기 위해 노력하고 있다. 기술시험 사령부와 협조하여 그 시스템이 요구조건에 잘 부응하는지를 결정하는가를 감독한다. 이러한 과정을 통하여 발생할 수 있는 모든 문제점들을 사전에 제거함으로써 제품 개발자로 하여금 보다 용이하고 저렴한 비용으로 개발할 수 있도록 도와준다.

AEC가 최근에 수행한 시스템들은 다음과 같다.

-지상군 전사(Land Warrior) 시스템, 기동통제 시스템
-장갑차량의 스트라이커 계열(Stryker Family of Armored Vechicles)
-21세기형 여단급 이하제대 전투지휘체계, 통합시스템 통제
-전 출처 분석 시스템(All Source Analysis System)
-원격 워크스테이션(Remote Workstation), Comanche(RAH-66)
-WIN-T(Warfighter Information Network-Tactical), 합동 전술무선 시스템
-고속 기동 포병로켓 시스템, 개량 포병 전술데이터 시스템
-미래전투체계, M1A2 아브람스 SEP
-완전히 디지털화된 M2A2 브레들리 전투차량
-TOW Fire and Forget Missile System, 전구 고도지역방어
-전술 무인항공기, 패트리어트 방공시스템

AEC는 육군, 합동참모본부, 해·공·해병대 및 기타 관련기관으로부터 제안된 시스템의 가치를 평가하기 위하여 전 세계를 순회한다. 더욱 시스템이 복잡해지고 시험에 소요되는 비용이 증가함에 따라 미 육군은 능률성과 효과를 향상시키기 위하여 새로운 분석기법을 지속적으로 추구하고 있다. 또한 시스템, 개념 및 설계를 평가하기 위하여 모델링 및 시뮬레이션을 지속적으로 사용하고 있다. 미 육군은 세계 최고의 기술과 조직을 갖추기 위하여 빠른 속도로 추진함에 따라 AEC는 이에 발맞추어 주요 물자 획득 임무를 완수하기 위하여 열심히 노력하고 있다.

* 출처: 박성우(2004), "미 육군의 시험평가 개선방안 연구", 교육사.

## 제4절 우리에게 주는 시사점

무기체계 전력화지원요소 업무개선관련 벤치마킹할 미국의 관련 업무에서 도출된 시사점을 요약하면 다음과 같다.

첫째 소요제기 시 주 장비뿐만 아니라 전력화지원요소의 동시 발전을 중요시하고 있으며, 교리를 기반에 두고 다른 전투발전요소를 고려하여 소요를 창출 및 검토하고 있다. 모든 소요 제안 시 전력화지원요소를 상관관계를 밀접하게 고려하고 있다.

둘째 관련 문서를 살펴보면 미 소요제기문서(초기능력서, 능력양산서, 능력 개발서 등)에 전투발전요소의 상관관계를 문서상에 명시하고 있으며 무기체계 소요가 결정된 이후에도 무기체계 소요만 고려하는 것이 아니라 관련된 전력화지원요소의 발전을 동시에 고려하고 있다는 사실을 인지할 수 있다. 전투발전요소의 변화가 발생되면 소요로 식별하여 고려하고 변화를 추적관리하고 있다.

셋째 관련 조직을 살펴보면 무기체계소요만 검증하는 것이 아니라 전력화지원요소에 대한 검증과 대안을 검토하고 지원하는 역할을 한다. 통합개념 팀의 경우 책임과 권한을 명시하여 사업이 종료될 때까지 책임자로서의 역할을 다하고 있다.

넷째 관련 업무절차를 살펴보면 최근 변경된 소요결정과정을 살펴보면 합참차원에서는 합동군사령부(USJFCOM)에서 합동실험을 통하여 미래 합동개념을 개발하고 통합아키텍처를 개발하고 평가하여 각 군에 제시하면 각 군에서 교육사와 전투실험소를 중심으로 실험과 평가를 실시하여 소요제기를 실시하고 있다.

다섯째 시험평가 측면을 살펴보면 모델링 시뮬레이션을 통한 시험평가(조기운용평가(EOA), 운용평가(OA))를 실시하여 교리, 교육훈련 측면의 검증을 통해 체계개발 간 위험을 제거하고 있으며, 전순기에 걸쳐 모델링 시뮬레이션을 활용하여 교리, 편성, 교육훈련 측면을 고려하고 있다.

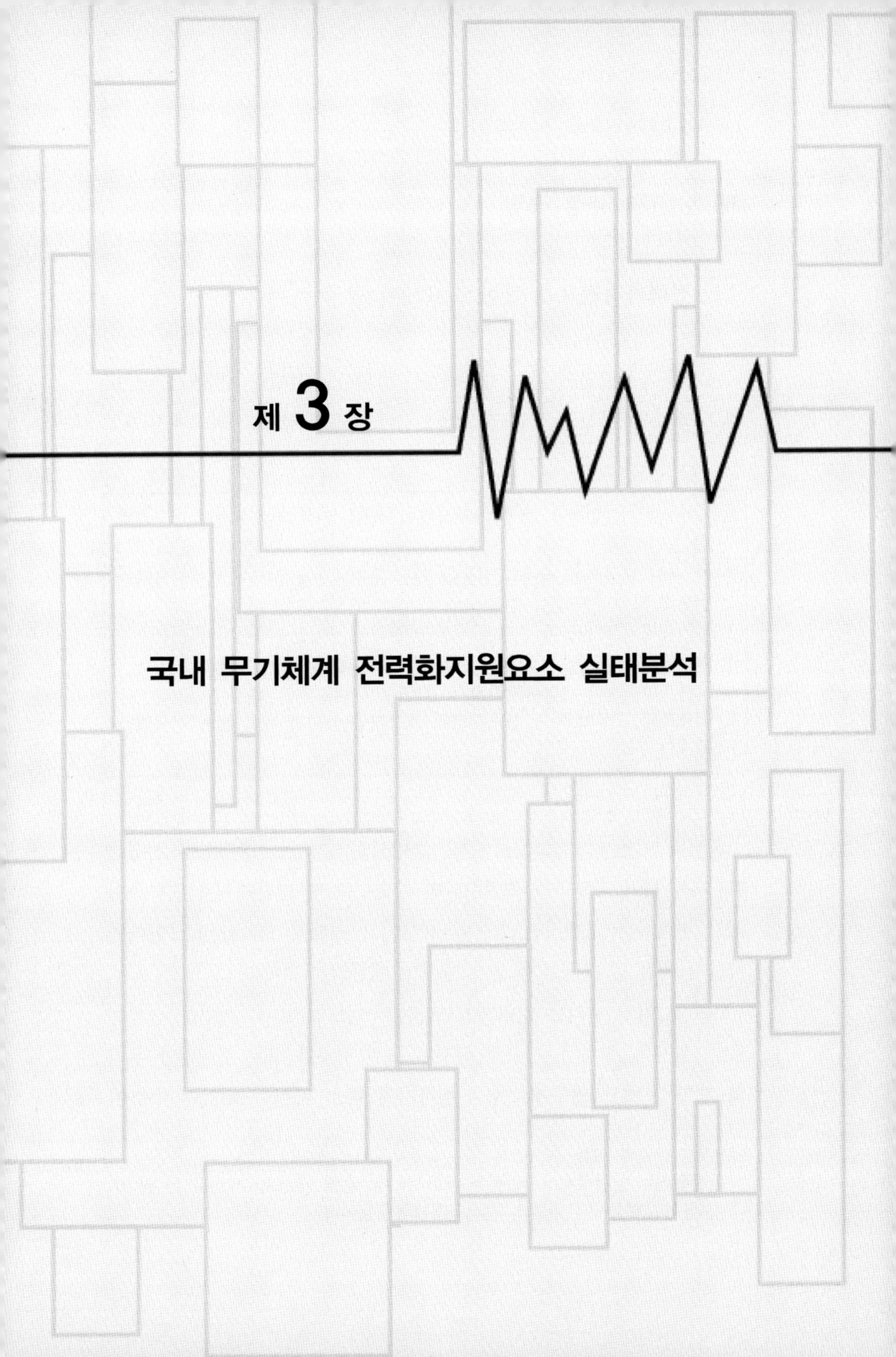

제 **3** 장

# 국내 무기체계 전력화지원요소 실태분석

# 제1절 관련 규정 측면

## 1. 전력화지원요소 관련 소요제기 규정

방위력 개선사업 수행의 기본원칙은 방위사업법(법률 제7845호)을 토대로 방위력개선사업관리규정 제5조[64]에 다음과 같이 정의되어 있다.

---

1. 국방과학기술발전을 통한 자주국방의달성을 위한 무기체계의 연구개발 및 국산화 추진
2. 각 군이 요구하는 최적의 성능을 가진 무기체계를 적기에 획득함으로써 전투력 발휘의 극대화 추진
3. 무기체계의 효율적인 운영을 위한 안정적인 종합군수지원책의 강구
4. 방위력개선사업을 추진하는 전 과정의 투명성 및 전문성 확보
5. 국가과학기술과 국방과학기술의 상호 유기적인 보완·발전 추진
6. 제18조의 규정에 의한 연구개발의 효율성을 높이기 위한 국제적인 협조 체제의 구축

---

그러나 이는 각 요소들을 상호 충족시킬 수 없는 상대성이 존재한다. 예를 들어 국산화를 촉진한다면 기술수준 및 방산체계가 열악하여 적기 전력화나 경제적인 획득이 제한되고 경제적 획득을 요구한다면 국산화 촉진 및 운영유지 분야 보장이 제한되는 것이다.

1980년 이후 우리는 연구개발보다는 국외도입위주로 사업을 집행해 왔다. 경제적, 정치적, 기술적 상황이 그런 결과를 만든 것이지만 우리의 제도 자체가 연구개발을 진행하기엔 다소 제한이 되었던 측면이

---

[64] 방위사업법(법률 제7845호, '06. 1. 1) 제11조(방위력개선사업 수행의 기본원칙), 방위력개선사업관리규정(방사청 훈령 제13호, '06. 5. 1) 제5조(방위력개선사업 수행의 기본원칙)의 내용이다.

강하다. 왜냐하면 미군과 비교하여 모든 시스템이 불비하였고 또한 과학기술 자체가 뒤쳐진 상태에서 미군의 제도를 그대로 도입, 적용하여 다소 국내 실정에는 맞지 않는 상황을 발생시켰기 때문이다. 이 과정에서 우리는 주 장비의 중요성은 인지하면서도 조기 전력화에 치중하여 주 장비에 비해 전력화지원요소를 간과했던 것이다. 이로 인해 많은 문제가 되었는데 그 가운데 가장 중요한 하나를 지적하자면 장비가 도입된 후에 교육훈련장비, 정비장비 등의 필요성을 느끼고 제작하는 방향으로 사업을 진행했던 것을 들 수 있다.

우리 군의 국방전력발전업무규정에 명시된 전력화지원요소의 발전지침을 살펴보면 방위력개선사업관리규정(방위사업청 훈령 제13호) 제85조에 다음과 같이 정의되어 있다.

전력화지원요소란 무기체계 획득 시 야전배치와 동시에 전력화할 수 있도록 발전시켜야 할 군사교리, 부대편성, 교육훈련, 시설 및 무기체계 상호 운용을 위해 필요한 하드웨어·소프트웨어(주파수 확보 포함) 등의 전투발전지원요소와 효율적이고 경제적인 군수지원 보장을 위한 종합군수지원요소를 말한다고 정의되어 있다.

우리의 방위사업법 법령 및 각종 규정에 명시된 전력화지원요소에 대한 내용은 반복 정도로 정의되어 있다. 미군과는 비교하기 어렵지만 제도적인 장치나 보완이 필요하다는 것을 누구나 공감한다. 먼저 소요제기 단계에서의 전력화지원요소의 개념은 어떤 것인가? 지금 운용 중인 장비라면 그 구조와 편성, 교육훈련 방식에 대한 수정은 그다지 많지 않아도 되지만 새로운 장비의 도입을 위한 준비라면 그 장비의 특성과 능력에 대한 분석은 보다 과학적이어야만 한다. 연구개발이나 국외도입이냐에 따라 달라지겠지만 우리가 지금 연구개발이든 국외도입이든 그 장비를 운용할 환경은 지금의 환경이 아니라 향후 10년 후에서 20년 이상은 될 것이다.

전력화지원요소는 체계가 개발되어 가는 동안 끊임없이 발전되는 요건인데 전력화지원요소의 개념 및 정의는 제시되었으나 획득 절차별 고려요소가 세부적으로 제시되지 못한 것이 문제로 지적될 수 있다.

따라서 소요제기절차에서 전력화지원요소에 대한 고려가 제한되는 것은 어떤 절차로 소요제기를 하는지, 소요제기 단계에서 무엇을 해야 하는지, 어떤 것을 검증해야 하는지에 대한 개념정립 및 기준설정이 제대로 되지 않았기에 그런 것이다.

## 2. 전력화지원요소 관련 시험평가 규정

소요제기된 주 장비의 작전운용성능이나 전력화지원요소에 대해 검증 및 평가를 하는 단계인 무기체계 시험평가에 관한 내용은 국방전력발전업무규정에 명시되어 있다. 시험평가는 연구개발, 국외도입 무기체계 시험평가로 구분하며 연구개발 무기체계는 개발 시험평가와 운용시험평가로 구분하고 국외도입 무기체계는 자료에 의한 시험평가, 국외 시험평가, 국내시험평가로 구분한다.

방위력 개선사업 관리규정의 용어의 정의를 보면 전력화지원요소 입증은 무기체계 획득 과정에서 전력화지원요소의 운용성에 대한 적합성 여부를 개발자가 시험평가 시 기술적 측면에서 검증하는 것을 말한다. 전력화지원요소 확정은 무기체계 획득 과정에서 전력화지원요소의 운용성에 대한 적합성 여부를 시험평가 책임부서가 시험평가 시 운용 측면에서 검증하고 그 결과를 최종 승인하는 것으로 정의되어 있다. 용어의 정의를 살펴보면 기술적인 면과 운용적인 면을 시험평가 하는 것으로 나와 있으나 어떤 요소를 평가해야 되는지에 대해서는 제대로 언급이 되어 있지 않다.

연구개발의 경우 개발 시험평가 및 운용시험평가 항목을 보면 전력화지원요소 관련 사항은 기술시험평가의 경우 전력화지원요소의 기술적 입증시험을, 운용시험평가의 경우 전력화지원요소의 실용성 확증시험을 실시하는 것으로 명시하고 있다.

<표 3-1> 개발시험평가와 운용시험평가 항목 비교

| 개발시험평가 항목 | 운용시험평가 항목 |
|---|---|
| 1. 기본성능시험(소프트웨어 시험 포함) 및 작전 운용성능 충족성 시험<br>2. 환경시험(저장성 확인시험을 포함)<br>3. 신뢰성 시험<br>4. 정비성 시험<br>5. 내구성 시험<br>6. 수송적응성 시험<br>7. 인체공학 적합성 시험<br>8. 생존성 시험<br>**9. 전력화지원요소의 기술적 입증 시험**<br>10. 무기체계의 상호 운용성 등 | 1. 작전운용성능의 충족성 시험<br>2. 군 운용의 적합성 시험<br>　(1) 운용 및 조작 편의성에 관한 적합성·안정성 시험<br>　(2) 기존 무기체계와의 상호 운용 적합성에 관한 시험<br>　(3) 전술적 운용의 적합성<br>　(4) 환경 적응성 시험<br>**3. 전력화지원요소의 실용성 확증 시험 등** |

출처: 방위력개선사업관리규정(방사청 훈령 제13호, '06. 5. 1.) 제133조, 제134조.

시험평가 계획에 의거 실시된 실제 사례를 분석해 보면 〈표 3-1〉에 있는 항목을 따라 시험평가가 진행되었으나 전력화지원요소에 대한 기술시험평가 및 운용시험평가가 제한되었다는 사실은 다음과 같은 사례를 통해 알 수 있다.

첫 번째 사례는 신형 1/4톤 트럭 기술시험평가 참여보고서에 있는 운용시험평가계획[65]이다. 여기에서 보면 운용시험평가 항목에 부분에 관한 시험내용 및 기준이 명시되어 있으나 전력화지원요소 부분에는 요소들만 나열되어 있으며 교리, 편성, 교육훈련, 종합군수지원요소에 관한 기준이나 시험내용에 대해서는 명시되어 있지 않다. 신형 1/4톤

---

65) 기술품질원, "신형 1/4톤 트럭 기술시험평가 참여보고서", 1999, p.61.

트럭에 대한 운용시험평가결과[66]에서 전력화지원요소 관련부분을 보면 교리부분은 운용제대 적합, 교안 초안 일부 수정 및 누락내용 추가, 편성은 현 편제 적용, 교육훈련 학교 및 야전부대 교육반영, 교육용 장비 및 교보재 소요 반영 등으로 간략하게 명시되어 있으나 기술적 입증시험 방법에 대해서는 제시되어 있지 않았다.

두 번째 사례는 무인항공기(UAV: Unmanned Aerial Vehicle) 실용시제에 대한 시험평가결과다. 이는 전력화지원요소 관련 개발시험평가 항목에 대해서 언급이 없으나 운용시험평가의 경우 전력화지원요소 14개 항목(교리, 편성, 교육훈련, ILS)에 대해 전원 충족시키지 못해 보완을 요구하는 결과를 초래했다.

〈표 3-2〉 UAV 운용시험평가 결과 종합

| 구 분 | 계 | 작전운용성능 | 군 운용적합성 | 전력화지원요소 |
|---|---|---|---|---|
| 항목 수 | 40 | 17 | 9 | 14 |
| 충 족 | 26 | 17 | 9 | · |
| 보완요구 | 14 | · | · | 14 |

출처: 기술품질원, "국내개발 무인항공기 시험평가결과 보고서", 2000, p.89.

이러한 시험평가 결과를 볼 때 소요제기 절차에서 요구하는 사항의 개념정립이 되지 않았기 때문에 시험평가에서 전력화지원요소에 대한 문제가 발생 시에도 주 계약업체에게 전력화지원요소에 대한 요구를 하지 못하는 경우가 발생할 수 있다.

개발 및 운영시험평가의 경우 항목별 어떠한 요소를 시험해야 하는지에 대해 국방전력발전업무규정에 명시되어 있지 않고 실무자별 전문지식의 유무와 관련 경험이 있을 경우 그 적용방법이 달라짐을 알

---

66) 기술품질원, 전게서, p.105.

수 있다. 또한 무기체계의 시험평가 관련사항 중 군 운용의 적합성은 전력화지원요소의 교리, 편성, 교육훈련 측면의 요소인데 별도의 항으로 시험평가를 하고 있다. 이것은 전력화지원요소에 관한 시험평가가 이루어지지 않는 것이 아니라 전력화지원요소의 개념 정립이 미비한 결과로 인해 초래된 것으로 볼 수 있다. 국방전력발전업무규정의 제5절 전력화지원요소에 교리, 편성, 교육훈련에 대해 필수요건에 대한 명시가 없는 상황에서 기술 및 운용시험평가 시 전력화지원요소에 대한 검증을 하는 것은 다소 제한이 따른다고 볼 수 있다.

## 제2절 관련 문서 및 조직 측면

### 1. 관련 문서 측면

#### 가. 전력화지원요소 관련 소요제기 문서

획득사업소요를 제기할 수 있는 기관은 국방부본부, 합참, 각 군 및 국직기관으로 이외의 기관 또는 업체 등이 획득사업소요를 제기하고자 할 때에는 소요제기기관에 소요를 제안할 수 있다. 소요제기 시 사용되는 문서는 중·장기 전력소요제기문서와 신규 전력소요제기 문서로 구분된다.

장기 신규전력소요제기서는 소요제기기관이 연중 수시로 장기 신규전력소요(F+8~F+17)를 제기하는 문서로서 개념연구 및 탐색개발의 근거를 제공하며 중기 전력소요제기서는 장기에서 중기로 전환되는 전력소요(F+7), 중기 대상 기간 중 긴급소요로 반영하기 위한 신규 중기 전력소요(F+3~F+7) 및 기결정된 중기 전력소요의 기획소요[67] 증강소요[68] 조정소요가 포함되며 이는 중·장기 전력소요서 작성 및 체계개발의 근거를 제공한다.

〈표 3-3〉 장기 신규전력소요제기서 양식

<table>
<tr><td>

**1. 전력명 또는 무기체계명**

　가. 주 임무 장비 및 관련 장비를 포함하여 포괄적인 명칭 부여

　나. 특정무기 명칭 또는 모델명 등 배제

**2. 필요성**

　가. 위협요소 및 대응방안

　나. 무기체계를 확보함으로써 달성할 수 있는 기대효과

**3. 편성 및 운영개념**

　가. 편성 나. 운영개념

**4. 전력화 시기 및 소요량**

　가. 전력화 시기: 전기(F+8~F+12)와 후기(F+13~F+17)로 구분

　나. 소요기준 및 소요량: 연구개발을 고려 개략적인 소요(기획소요 및 증강목표)

**5. 작전운용성능(ROC)**

　가. 합동개념을 충족시킬 수 있도록 작전운용능력을 제시

　　(1) 항목별로 최소~최대치(Belt) 또는 오차(±) 범위형으로 설정 원칙

　　(2) 단일 수치로 제시 가능한 항목은 단일수치로 제시

　　(3) 국방과학기술수준 및 무기체계 운용환경을 고려한 기준 설정, 필요

　　　시 단계별로 진화적 작전운용성능 설정

　　(4) 상호 운용성

　나. 합동성 및 상호 운용성

　　(1) 연동대상체계, 계통도, 주파수, 정보보호, 기술표준 등을 포함하여 제시

　　(2) 세부 지침은 합참의장이 정한다

　다. 보안대책

　라. 기술적·부수적 성능

**6. 전력화지원요소: 개략적인 교리·편성·교육훈련·종합군수지원소요**

**7. 부대소요 시기, 부대소요병력 및 기타 참고사항**

　가. 부대소요 시기: 전기, 후기로 구분

　나. 부대소요병력: 부대소요, 부대편성, 소요병력, 지휘관계 등

　다. 기타 사항

</td></tr>
</table>

출처: 국방부, 「국방전력발전업무규정」('06. 6. 29), 제28조, pp.13-14.

---

67) 기획소요: 군사전략 개념을 구현하기 위한 전력구조별, 전장기능별 순수
　　요망소요로서 전시동원, 부대확장 등 각종 계획수립에 필요한 기준.

68) 증강소요: 가용재원, 상비전력 운영수준, 작전 운용성 등을 고려하여 실
　　제적으로 요망되는 소요로서 중기계획 수립의 기준.

### 〈표 3-4〉 중기 전력소요제기서 양식

**1. 전력명 또는 무기체계명**
　가. 주 임무 장비 및 관련 장비를 포함하여 구체적인 명칭 부여
　나. 특정임무 명칭·모델명 배제
**2. 필요성**
　가. 위협요소 및 대응방안
　나. 무기체계를 확보함으로써 달성할 수 있는 구체적인 기대효과
**3. 편성 및 운영개념**
　가. 편성
　나. 운영개념
**4. 전력화 시기 및 소요량**
　가. 전력화 시기: 중기대상기간(F+3~F+7) 중 요구 시기·전력화 시기는
　　　F+7년 반영을 원칙으로 하되, 전력공백 등을 고려하여 판단
　나. 소요기준 및 소요량: 운영개념에 부합한 기획소요, 증강목표 및 연도별
　　　소요량, 배치계획
　다. 대체 무기체계의 도태·조정계획
**5. 작전운용성능(ROC)**
　가. 작전운용성능은 국방과학기술수준 및 무기체계 운용환경 등을 고려하여
　　　필수적인 요구성능 및 능력을 구체적으로 제시
　(1) 작전운용성능은 합동개념을 충족시킬 수 있도록 항목별로 범위형, 오차
　　　형 등 기준유형을 고려 제시
　(2) 명확하게 제시 가능한 항목은 정량화하여 제시
　(3) 필요시 단계별로 진화적 작전운용성능 설정
　나. 합동성 및 상호 운용성
　(1) 연동대상체계, 계통도, 주파수, 정보보호, 기술표준 등을 포함하여 제시
　(2) 세부 지침은 합참의장이 정한다.
　다. 보안대책
　라. 기술적·부수적 성능
**6. 전력화지원요소: 교리·편성·교육훈련·종합군수지원요소 등**
**7. 부대기획**
　가. 부대 증·창설 및 해체·감편계획
　나. 부대편성(안)
　다. 계급별 소요병력 및 해결방안
**8. 과학적 분석 및 검증결과: 비용분석, 비용 대 효과분석, 전투실험, 합동개념**
　　충족성 분석, 무기체계 간 중복성 분석 및 특정연구 등 분석평가 결과 첨부
**9. 기타 사항: 유사장비 현황 등**

출처: 국방부, 「국방전력발전업무규정」('06. 6. 29), 제29조, pp.14-16.

장기 신규전력소요제기서와 중기 전력소요제기서의 형식은 매우 비슷하다. 현재 소요제기는 중·장기 신규전력소요제기서로 사용되다가 소요결정 이후에는 작전운용성능으로 사용되어 혼란을 가져올 수 있는 문서체계로 사용되고 있다. 우리 군의 소요제기 관련 문서는 서로 유사하고 미래기술 환경을 고려하기에는 다소 어려움이 따른다. 소요자체를 장기소요(F+8~F+17)와 중기소요(F+3~F+7)로 구분하고 장기는 신규소요만을 대상으로 하되 구체적인 작전운용성능을 요구하고 있다. 과학적 기법의 적용이 제한되는 상황에서 10~20년의 미래 소요에 대한 예측은 매우 어렵다. 실제 장기 신규전력소요제기서를 찾아본 결과 교리는 '신규 작성한다.' 편성은 '00예속', 교육훈련은 '제작사 또는 운용국 파견교육을 한다'라고 간단하게 기술되어 있었다. 중·장기 소요제기 문서에 전력화지원요소에 대해 개략적인 소요에 대해서만 언급한 것과 편성 및 운영개념을 별도로 고려한 것 외에는 구체적인 내용은 없다.

전력화지원요소는 실제 사례를 살펴보았듯이 주 장비가 도입되어 배비되고 난 후, 또는 체계개발이 완료된 후 필요에 의해 사업이 진행되었기 때문에 장비별로 전력화지원요소에 대한 고려가 미흡하여 장비 운영 및 유지에 제한이 따르는 것이다. 육군의 경우를 살펴보면 소요제기기관으로서 중·장기 전력소요제기 문서는 장기 신규전력소요제기서, 중기 전력소요제기서를 작성하는 부서다. 중·장기 전력소요제기서는 국방전력발전업무규정의 소요제기서와 사용하는 동일한 양식이나 항목별로 그 내용을 구체적으로 기술하였으며 전력화지원요소의 편성 및 운영개념, 전력화 시기 및 소요량 등의 내용에 항목별로 비교적 세부적으로 명시되어 있다. 육군에서 사용하고 있는 전력화지원요소에 관한 항목은 국방전력발전업무규정에 비해 다소 세부적이라고 할 수 있으며 차이 나는 부분은 〈표 3-5〉와 같다.

**〈표 3-5〉 육군 장기 신규전력소요제기서 양식**

6. 전력화지원요소
 가. 군사교리: 교육사
  1) 운용개념 정립
  2) 교리요소의 소요자료 통보
  3) 교범: 야전/기술교범 (초안 / 배포 시기)
  4) 전투근무지원 교리/교범 발전
 나. 부대편성: 정작부
  1) 편성요소의 소요자료 통보
  2) 편제구상(운용요원/정비요원)
  3) 편제표 발간 및 배포 확인
  4) 부대구조 구상
  5) 주특기 측정
  6) 소요 대 부족인원에 대한 대책
 다. 교육훈련: 정작부
  1) 교육장비 소요자료 통보
  2) 교육물자 소요(교구, 도식교재, 시청각교재, 교탄, 사격기재, CBT 및 시뮬레이터)
  3) 교육시설 및 부지(사격장, 훈련장, 야외교장)
  4) 교육훈련계획(병/부사관/장교의 양성 및 보수교육, 군사특기별 양성 및 보수계획)
  5) 훈련기법 및 평가방법
  6) 위탁/연수교육
 라. 시설: 공병감실(군참부 시설처)
 마. 무기체계 상호 운용을 위해 필요한 하드웨어·소프트웨어(주파수 확보 포함):
    정보화 기획실
 바. 종합군수지원(11대 요소): 군참부, 전력부(전력소요처), 전발단

출처: 육군본부, 「육규027 육군전력발전업무규정」(2006. 9. 1.), 제76조.

## 나. 전력화지원요소 관련 시험평가 문서

시험평가는 개발 및 운용시험평가로 구분되는데 두 가지의 시험평가 모두 시험평가계획을 작성 후 시험평가를 수행하고 시험평가 결과 보고서를 작성하여 보고하는 절차로 진행된다. 개발시험평가의 경우 소요군 및 국과연은 체계개발계획서를 근거로 착수일 60일 전까지 개발시험평가 계획서를 방사청 분석시험평가국 및 소요군에 제출하며 시험평가 종료일로부터 1개월 이내 개발시험평가계획결과 보고를 〈표 3-6〉과 같은 양식에 의거 작성한다.

### 〈표 3-6〉 개발시험평가 계획 및 결과보고 양식

| 개발시험평가 계획서 | 개발시험평가 결과 보고서 |
| --- | --- |
| 1. 시험평가 개요 | 1. 시험평가 개요 |
| 2. 시험평가 대상장비 및 수량 | 2. 시험평가 대상장비 및 수량 |
| 3. 시험평가 실시방법, 기간 및 장소 | 3. 시험평가 기간 및 장소 |
| 4. 시험평가 항목기준 | 4. 시험평가 항목기준 및 평가결과 |
| 5. 소요예산 | *(전력화지원요소를 포함한다)* |
| 6. 시험평가단 구성 | 5. 기준 미달 항목 및 보완계획 |
| 7. 기타 협조지원사항 | 6. 결론 및 건의: 개발시험 합격 여부 |

출처: 방사청 「방위력개선사업관리규정」('06. 5. 1.), 제133조, 제134조, pp.61-62.

또한 운영시험평가는 개발시험평가결과를 참고로 운용시험평가계획서를 작성하고 소요군의 시험평가부서는 착수 2개월 전까지 제출한다. 운용시험평가 시 〈표 3-1〉에서 언급한 운용시험평가 항목에 대한 시험평가를 시행하고 결과는 시험평가 완료 후 1개월 이내 보고하고 운용성능 수정 건의 시에는 2개월 이내 건의한다. 운용시험평가 계획서는 국방전력발전업무규정 및 방위력개선사업관리규정에도 〈표 3-7〉과 같이 명시되어 있다.

### 〈표 3-7〉 운용시험평가 계획 및 결과보고 양식

| 개발시험평가 계획서 | 개발시험평가 결과 보고서 |
| --- | --- |
| 1. 시험평가 개요 | 1. 시험평가 개요 |
| 2. 시험평가 대상장비 및 수량 | 2. 시험평가 대상장비 및 수량 |
| 3. 시험평가 실시방법 | 3. 시험평가 기간 및 장소 |
| 4. 시험평가 기간 및 장소 | 4. 시험평가 항목기준 및 평가결과 |
| 5. 시험평가 항목 및 기준 | *(전력화지원요소를 포함한다)* |
| 6. 시험평가 소요예산 | 5. 기준 미달 항목 및 보완계획 |
| 7. 시험평가단 편성 | 6. 결론 및 건의(전투용 적합 또는 부적합) |
| 8. 기타 협조 및 지원사항 | * 기준 미 충족 시 재시험평가 |

출처: 합동참모본부, 「시험평가업무 실무참고서」(2002), p.62. 국방부, 「국방전력발전업무규정」(2006. 6. 29.). p.44.

시험평가 항목이나 결과작성부분에 전력화지원요소의 기술적 입증시험이나 실용성 확증시험에 대한 항목이 포함되어 있으며 결과보고 작성 시에도 전력화지원요소에 대한 결과 보고를 하도록 되어 있다. 그러나 실 사례를 살펴본 결과 계획서 상에 항목은 나와 있으나 다른 요소와는 달리 시험평가를 할 대상에 대한 기준은 명시되지 않고 교리, 편성, 정비 및 보급, 지원 장비 등의 요소만 나열되어 있었다. 또한 결과보고서에는 주 장비와 관련된 사항에 대해서는 세부적으로 검토되어 있으나 전력화지원요소에 대해서는 현 편제 적용, 운용제대 적합, 교범 초안 일부수정 및 누락내용 추가 등으로 작성되어 있었다. 무선장비획득 시험평가 시 전력화지원요소 가운데 운용개념의 미정립, 상호 연동운용체계 검증 미흡으로 군 운용개념을 재정립하는 등 전력화 시기가 1994년에서 2000년으로 약 6년간 순연되었고 수상함 부설용 기뢰의 획득사업에서도 작전환경에 대한 분석 및 운용개념 미 정립으로 전력화가 지연되었던 예[69]도 있었다. 이러한 결과로 볼 때 시험평가계획서 작성 및 결과보고서 작성 시 전력화지원요소에 대한 중요성 미인식으로 개념, 항목 기준이 제시되지 않았기 때문에 실제 기술 및 운용시험평가에서 소요군이 요구하는 요건을 시험평가하지 못했다는 사실을 확인할 수 있다.

## 2. 관련 조직 측면

### 가. 전력화지원요소 관련 소요제기 조직

획득사업을 소요제기할 수 있는 기관은 국방부 본부, 합참, 각 군, 국

---

69) 합동참모본부, 「시험평가 실무참고서」, pp.150-155.

직기관으로 한정되어 있으며 획득사업에 대한 소요결정기관은 자동화 정보체계 사업의 경우 정보화 기획관실에서 각 군 및 기관에 소요결정이 위임되지 않은 비무기체계사업은 군수관리관실에서 실시하며 신규 무기체계나 주요 비무기체계, 무기체계 편제보충 및 노후교체소요, 수명연장을 포함한 무기체계 성능개량 등의 임무는 합참에서 수행하며 각 군, 국직기관은 비무기체계 편제보충 및 노후교체 소요, 국방부로부터 위임된 기타 비무기체계에 대한 소요결정을 하는 것으로 되어 있다.

전력화지원요소 업무는 주 장비 획득과 맞물려서 진행되어야 하므로 전력화지원요소 분야별 부서와의 긴밀한 협조가 필요하다. 전력화지원요소 분야별 업무부서는 〈표 3-8〉과 같다.

〈표 3-8〉 전력화지원요소 소요제기 관련부서

| 구 분 | 국방부, 합참 | 육 군 |
|---|---|---|
| 주 장비 획득 | 방위사업청, 전력기획부(합) | 전력부 전력기획·소요처 전투발전단 소요과 |
| 교 리 | 교리훈련부 교리과(합) | 교육사 교리부 |
| 편 성 | 군구조발전부 부대계획과(합) 기획조정관실 조직관리과(국) 군수관리관실(국) | 정작부 계획편제처(부대계획·편제과) 전력부 군구조과, 전발단 군구조발전과 |
| 교육 훈련 | 교리훈련부 훈련과(합) | 정작부 교육훈련처, 교육사 교훈부 |
| ILS | 군수관리관실 장비 팀(국) | 육본 군참부 ILS과, 군수사 정비처 ILS과 전발단 전력화 지원관리과 |

출처: 이목상, 「전력화지원요소 판단」, 국방사업관리 종합체계과정 교재, 2002, p.9.

보충설명

## ≪ 국방 획득관리제도 변천 ≫

| 구 분 | 제도변천 | 획득조직 | 의사결정기구 |
|---|---|---|---|
| '72년 | · 최초 획득관리제도 제정 | · 국방부: 방위산업관<br>※ 국방과학연구소 창설<br>· 합참: 연구개발과 | · 병기개발과제 선정위<br>원회<br>· 병기개발기술 위원회 |
| '74년 ~ '78년 | · 율곡사업 착수<br>- 연구개발절차 마련<br>- 무기체계채택절차 마련 | · 국방부: 방위산업국<br>· 합참: 5국, 7국 | · 국방과학기술 심의회 |
| '79년 ~ '82년 | · 미 PPB제도 도입<br>- 무기체계선정절차<br>마련 | · 국방부<br>- 투자사업조정관<br>- 방위산업1, 2, 3국<br>· 합참: 5국, 7국, 체계분석실 | · 전력증강위원회<br>(5인, 10인)<br>· 개발심의회<br>· 무기체계심의회 |
| '83년 ~ '90년 | · 미 PPBEE제도 도입<br>- 해외구매절차 제도화<br>- 획득 전 단계 품질<br>보증 | · 국방부<br>- 계획평가관(전력계획관)<br>- 투자사업조정관, 평가분석관<br>- 방위산업국<br>· 합참<br>- 전략기획국, 무기체계국 | · 전력증강사업 추진위<br>원회<br>· 획득심의회<br>· 무기체계심의회 |
| '91년 ~ '96년 | · 818 군구조 개편<br>- 합참 소요제기기능 수행<br>- 각 군 소요제기<br>환원('95) | · 국방부<br>- 전력계획관<br>- 사업조정관, 평가분석관<br>- 획득개발국<br>· 합참<br>- 전력발전부, 무기체계부 | · 전력정비사업<br>추진위원회<br>· 획득심의회<br>· 무기체계협의회 |
| '97년 ~ '99년 | · 문민정부 제도개선<br>- 획득절차 단축<br>(9→6단계)<br>※무기체계선정 채택삭제<br>- RFP에 의한 기종결정 | · 국방부<br>- 전력계획관<br>- 사업조정관, 획득개발국<br>· 합참<br>- 전력기획부<br>- 전력평가참모본부(3개부) | · 방위력개선<br>사업추진위원회<br>· 획득협의회<br>· 무기체계협의회 |
| '99년 ~ '02년 | · 국민정부 제도개선<br>- 17개 규정 통·폐합<br>- 결재처리방식 의사결정 | · 국방부<br>- 획득정책관, 연구개발관<br>- 군수관리관, 분석평가관<br>· 합참<br>- 전력기획부<br>- 전력분석처 | · 결재처리방식<br>- 국방투자사업<br>추진위원회<br>- 획득회의(자문) |
| '04년 ~ '05년 | · 참여정부 제도개선<br>- 개방형 회의체 의사결정 | | · 전력투자사업<br>심의위원회<br>· 획득개발심의회 |
| '06년 ~ 현재 | · 참여정부 제도개선<br>- 개방형 회의체 의사<br>결정 | · 국방부<br>- 군수관리관<br>· 합참<br>- 전력기획부<br>- 전력분석처<br>· 방위사업청 | · 방위사업추진<br>위원회<br>· 방위사업 추진<br>분과위원회 |

전력화지원요소 관련 소요제기 조직의 문제점을 살펴보면 다음과 같다.

첫째 미래전장변화에 대한 합동군의 기본전투개념 정립 필요성과 이를 발전시키기 위한 전문조직이 필요하여 1997년 합동개념과를 편성 운용하였으나 거시적인 효과가 단기간에 나오지 않아 2001년에 해체되고 군구조발전과에 통합되었다. 군의 미래를 연구하고 군의 미래에 대한 발전안은 단기간에 이루어지는 것이 아니라 장기간이 소요되며 미래 정보화 과학군에 대한 정밀한 분석이 요구된다. 현재의 소요검토는 합동전장개념을 제시하는 합참에서는 문제제기만 하고 소요제기에 대해서는 각 군의 전투수행개념에 기초하여 소요를 문서에 의한 판단을 내리는 실정이다. 전투발전개념의 개발은 전력소요를 창출하는 것만이 아니라 개념 개발과 더불어 교리, 편성, 교육훈련 등이 지속적으로 연구할 수 있는 여건조성이 필요하다.[70]

둘째 전문 인력의 순환보직에 따라 요원의 전문성 축적과 업무의 연계성 유지에도 많은 어려움이 있다. 예를 들면 순환보직에 따라서 새로운 담당자가 보직되면 전문성 있는 업무수행이 제한되므로 새로운 담당자가 업무를 파악하기 전까지 업체의 노력 여하에 따라 성능 미달의 제품이 통과되는 경우가 발생할 수도 있다.

셋째 현존하는 무기체계에 대한 교리, 편성, 교육훈련을 개선하는 절차는 한국군 내에서도 그 논의가 비교적 활발하다. 그러나 무기체계를 연구하고 개발해 나가는 과정에서 전력화지원요소를 누가 어떻게 반영할 것인가에 대해서는 통합하고 조정할 수 있는 조직이 미흡한 실정이다. 〈표 3-9〉를 살펴보면 한국군과 미군은 운용목적에 있어서 한국의 통합개념 팀은 기간 단축에 중점을 두나 미군은 기간 단축과

---

70) 김유근, "합동전력소요기획 발전방안연구", 합참대. 2002. p.36.

통합에 목적을 둔다. 편성에 있어 미군은 상급부대, 산업체, 연구기관 등을 통합편성하고 업무에 필요한 실무자가 참여하여 분야별로 적극적 협조와 운용으로 시너지 효과를 발휘하는 반면 우리 육군은 적용개념이 미흡하며 교육사 내부인원 위주로 편성 및 운용하고 전문성이 부족하여 분야별로 협조가 잘 이루어지질 않으며 소극적이다. 또한 규정상에 조직의 운용이 명시되지 않아 강제성을 내포하지 않으며 개인 고유업무에 부가된 임무로 판단하여 협조가 이루어지지 않는 것도 하나의 문제다.

넷째 육군에서 부분적으로 도입시행하고 있는 주 장비 및 전력화지원요소관련 전투실험 조직의 구성을 살펴보면 전투실험을 수행할 수 있는 인력 및 편성이 1999년 전투실험 업무 개시 시 군 가용인력을 고려하여 최소인력을 96명으로 확정하여 2002년도까지 확보할 예정이었으나 2002년 말 기준 51명이 보직되어 있어 임무 수행이 제한되는 실정이다.[71] 인력에 대한 소요는 있지만 군이 요구하는 일들을 해결해 나가기 위해서는 군에 대한 지식과 과학적 기법을 적용 및 개발할 수 있는 능력을 소유한 사람을 확충하기가 어려운 것도 그 원인이라고 할 수 있다.

<표 3-9> 한·미군 통합개념 팀 운용비교

| 구 분 | 한국군(육군) | 미군(육군) |
|---|---|---|
| 운용목적 | 적시적인 미래 설계 및 소요결정 기간의 단축 | 기술혁신, 획득순기 단축, 예산 중복회의, 수평적 기술 통합 |
| 주관부서 | 전력부/전투발전단 | 육군능력통합센터 |
| | • 전장기능별  운용개념/요구능력 개발<br>• 요구능력별 전투발전 소요창출 및 해결책 결정 | • 전투개념/미래운용 능력 작성<br>• 과학기술 검토, 전투실험/전투발전 방향제시 및 문서화 |

---

71) 교육사, "전투발전업무체계 발전방향", 2002 보고서.

| 구 분 | 한국군(육군) | 미군(육군) |
|---|---|---|
| 임무/기능 | •중·장기 전투실험 종합계획서작성<br>•기능별 전투실험소 실험<br>•전투발전요소별 소요도출<br>•장비의 요구분석 구체화 | •전력건설 전 과정에 참여하여<br> 마일스톤 권한 행사 |
| 편 성 | 교리, 교육훈련, 소요담당 실무자<br>각 학교 전발 담당자<br>*필요시 연구기관 참여 | 군·산·학·연 관련기관 전문요원<br>국방부/합참/육본/물자사 등 참여 |
| 운용기간 | 3개월~1년 | 1개월~3개월 |

출처: 교육사, "전투발전업무체계 발전방향", 2002 보고서, p.42.

이러한 결과를 분석해 보면 법적 구속력이 없고 제도의 미비로 인하여 업무처리의 명확성이 부족하며 순환보직 및 기타 업무의 과다로 인해 획득관련 업무의 전문성이 부족한 획득여건의 현실을 반영하는 것이다. 전투력을 발휘하기 위해서는 주 장비 및 전력화지원요소의 획득으로 전투력을 향상시키는 것이 중요하지만 첨단화된 무기체계 개발의 정확성을 뒷받침할 수 있는 과학적인 기법을 적용할 수 있는 여건이 조성되어야 한다.

## 나. 전력화지원요소 관련 시험평가 조직

주 장비와 전력화지원요소의 상호 연관성을 고려한다면 시험평가는 분리하여 생각할 수 없는 상황이며 동시에 진행되어야 한다. 현행 주 장비 및 전력화지원요소 관련부서의 임무를 살펴보면 방위사업청의 분석시험평가국은 시험평가의 조정·통제의 역할을 수행하며 정부투자 국과연주도 연구개발의 경우 분석시험평가국의 통제를 받아 국과연 및 방위사업청이 개발시험평가를 수행하며 운용시험평가의 경우 방위사업청의 분석시험평가국에서 운용시험평가 조정·통제 및 결과 판정임무를 수행하고 소요군에 위임될 경우에는 운용시험평가 감독임무만 수행한다.

육군의 경우 운용시험평가가 위임되었을 경우 전력부의 전력기획처 전력기획과에서 시험평가를 조정·통제 역할을 수행하고 실제 육군의 시험평가는 시험평가단에서 운용시험평가의 임무를 수행한다.

### 〈그림 3-1〉 시험평가 업무체계

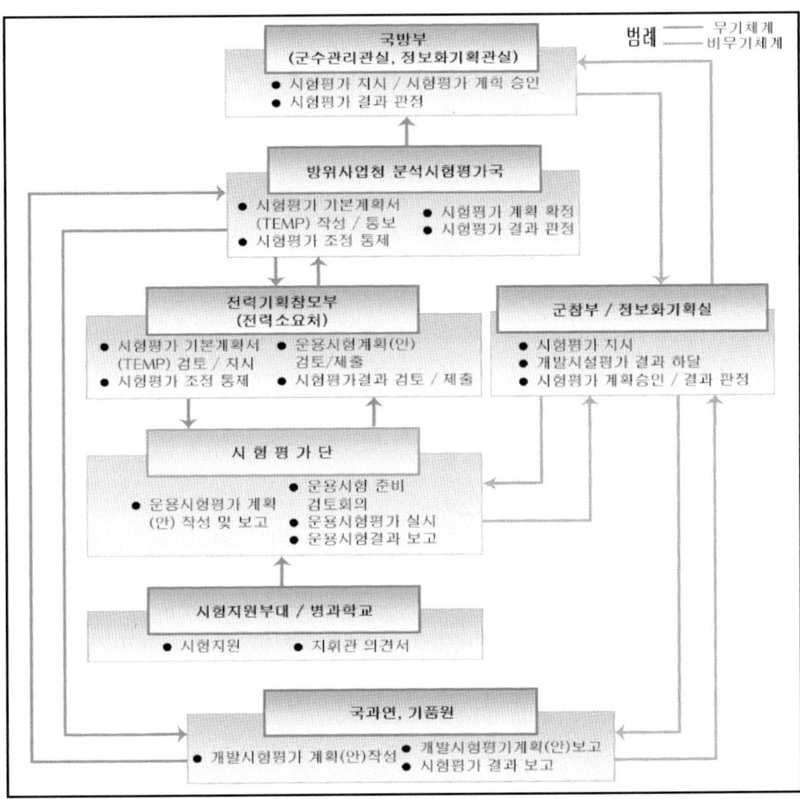


출처: http://portal.army.mil/시험평가단/시험평가업무 자료 참고, 2007. 4. 5(목).

전력화지원요소 관련 시험평가 조직의 임무 및 역할을 분석하면 다음과 같다.

첫째 무기체계에 대한 시험평가는 주 장비, 전력화지원요소 등 전반에 걸친 검증이 이루어져야 하는데 상호 연관성이 많은 기술 및 운용 시험평가조직이 이원화되어 업무 협조가 제한이 되는 현상을 볼 수 있었다. 기술시험평가의 경우 국방부 연구개발관실의 조정, 통제를 받아 임무를 수행하고 운용시험평가의 경우 합참의 조정, 통제를 받아 임무를 수행하게끔 되어 있어 상호 연관성 있는 시험평가의 유기적인 협조체계가 다소 제한된다고 할 수 있다. 시험평가의 수행을 통합하고 조정하는 역할수행 조직이 필요하다.

둘째 시험평가를 전문적으로 수행할 수 있는 인력이 부족하다. 시험평가에서의 전문 인력은 시험체계 종합기술자, 시험 계측기술자, 자료처리, 분석기술자, 시험기법 및 기술개발자 등이 소요된다. 그러나 국내에는 계측시험 위주의 인력편성으로 구성되어 있어 시험기법이나 시험기술을 개발할 수 있는 전문가적인 인력이 요구된다.[72] 또한 시험평가요원의 순환보직으로 인한 전문성이 부족으로 업무 인수인계 시 장기간의 행정공백이 발생할 수도 있다. 무기체계의 고도화, 첨단화되어 가는 추세에 맞추어 전문 인력의 확보체계를 구축할 필요성이 있다.

셋째 주 장비 및 전력화지원요소 관련 기술 및 운용시험평가 시 소요군에서 소요제기한 무기체계에 대해서 참관할 수 있는 절차는 있으나 조정, 통제할 수 있는 여건 조성은 미흡하여 주 장비 및 전력화지원요소에 대한 소요군의 조정, 통제 역할은 제한된다. 특히 소요군 관리하의 업체주도연구개발의 경우 주 계약업체의 기술시험평가 결과를

---

72) 박수현, "미국의 시험평가와 우리의 차이점", 국과연, 2000. 5. 16, p.34.

그대로 수용하거나 운용시험평가 시 작전운용성능에 대해 계측위주의 시험평가를 되풀이하게 된다.


## 제3절 관련 업무절차 측면

### 1. 전력화지원요소 관련 소요제기 및 결정절차

#### 가. 국방부 · 합참

무기체계에 대한 소요제기 부서는 국방부본부, 합참, 각 군, 국직기관 등으로 한정되며 국방획득사업에 대한 소요결정 기관을 살펴보면 국방부는 정보화 기획관실에서 자동화 정보체계 사업과 각 군 및 기관에 소요결정이 위임되지 않는 기타 비무기체계에 대해 소요를 결정하게 된다. 합참에서는 신규무기체계 및 비무기체계, 무기체계 편제보충 및 노후교체 소요, 수명연장을 포함한 무기체계 성능개량 등에 관한 소요제기를 하고 각 군 · 국직기관에서는 비무기체계 편제보충 및 노후교체 소요, 국방부로 위임받은 기타 비무기체계 사업에 대해 소요를 결정한다.[73]

각 군 및 국직기관의 소요결정 대상품목의 소요는 각 군 및 국직기관이 정한 절차에 따라 결정하고 국방부획득실은 국방중기계획 작성과 예산편성 시 소요의 타당성을 확인한다. 합참은 각 군 및 국직기관에서 제기한 전력소요를 근거로 단위전력의 완전성, 통합성, 타 무기체계와의 상호 운용성과 소요의 우선순위 및 대체 무기체계의 도태,

---

73) 국방부, 「국방전력발전업무규정」, p.231.

조정 개념을 검토하여 합동전략회의 및 합동 참모회의를 거쳐 소요를 결정하게 된다.

현행 주 장비 및 전력화지원요소 관련 소요제기 및 결정체계에 대한 문제점을 살펴보면 다음과 같다.

첫째 합동전장 운영개념에 의해 중·장기 전력 소요를 도출하고 있으나 문서에 의한 소요판단으로 구체적인 소요를 도출하는 데 어려움이 있으며 도출된 소요에 대해 타당성을 확인하고 검증하는 체계가 불확실한 면이 있다. 합동군사전략서, 국방과학기술조사서, 장기전력소요제기서, 관련기관부서 의견 등 문서에 의한 소요판단으로는 10~20년 후 사용될 미래전 무기체계에 대해 과학기술발전, 주 장비 및 전력화지원요소 소요 반영이 제한되고 체계에 대한 개념설정이 미흡한 실정이다. 또한 국내의 획득환경은 소요군에서 소요제기를 한 것을 믿지 못하고 개념연구 및 탐색개발에서 ADD나 주 계약업체 개발 과정에서 개념연구를 새로이 실시하는 현상이 발생하였다.74)

무기체계는 주 장비와 관련된 교리, 편성, 교육훈련 등이 복합적으로 상호 연관되어 있는 체계다. 이러한 체계를 개발할 때는 반드시 어떠한 개념의 소요제기절차가 적용되는지, 개념연구, 탐색개발, 체계개발 단계에 주 장비와 밀접한 관련이 있는 전력화지원요소에 대한 반영 및 발전 상태를 감독할 수 있는 절차가 요구된다.

---

74) 최성빈 외 2, 「무기체계 개념형성연구 추진방안」(서울: 국방연구원, 1996), p.33.

<그림 3-2> 소요제기 및 결정체계

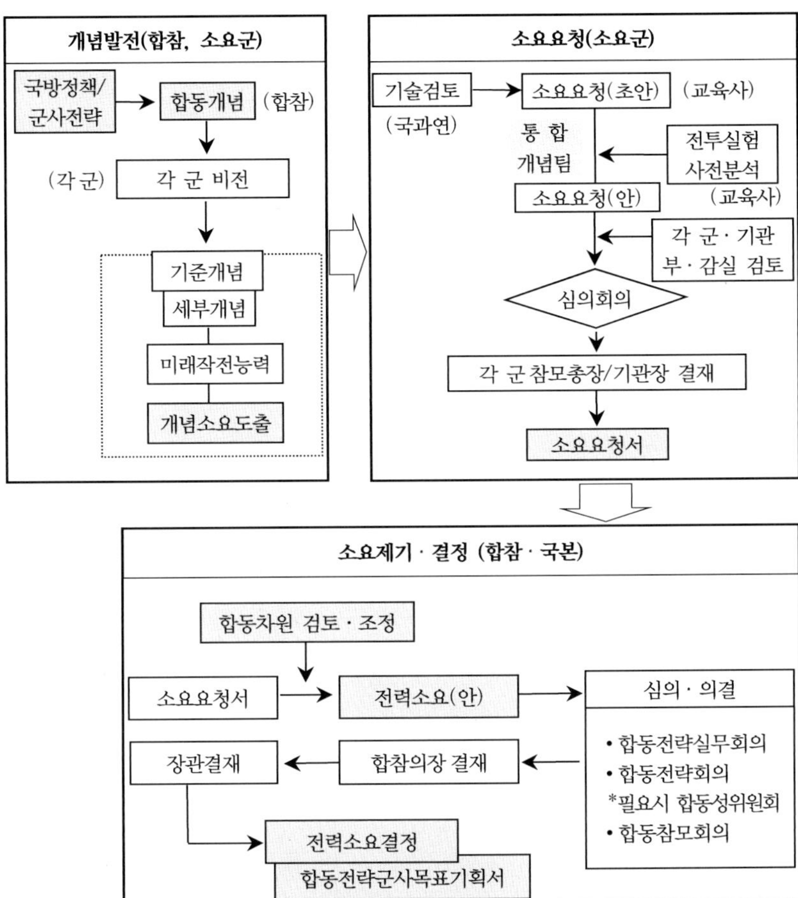


출처: 국방부, "국방전력발전업무규정", 국방부훈령 제793호, 2006. 6. 29, p.231

둘째 미래전장은 이라크전쟁을 통해서 정보에 의한 정밀타격전이 진행되는 단면을 경험하였지만 장차전의 무기체계 운용을 위한 교리, 편성, 교육훈련 문제에 있어서 소요를 창출한다는 것은 무기체계를 획득과 동시에 고려해야 할 사항으로 무기체계를 운용, 편성 및 교육훈련하여 유지할 수 있는가를 고려해야 한다. 그러나 소요를 검토하는 합참전략기획본부의 사전분석부서인 전력분석처는 소요제안 부서인 육군과 비교해 볼 때 인력과 분석도구는 열악하다고 할 수 있다. 따라서 검토의 주안은 정책적, 개념적 분석에 두어지게 될 수밖에 없으며 ROC를 비롯한 주요 소요결정 내용은 대체로 소요제기부서의 요구를 수용하는 경향이다. 또한 비합리적 소요결정(고성능 완성장비 및 조기 전력화 요구) →국내기술 및 방산기반 취약/불신→국외도입 추진→체계 미흡→국외도입 추진→국내기술 및 방산기반 발전기회 상실→국내기술 및 방산 기회 약화 및 불신심화의 악순환 사이클이 심화되고 있다.[75]

### 〈표 3-10〉 한국군의 분석/획득용 보유 모형

| 모델명 | 용 도 | 획득년도 | 획득방법(예산) |
|---|---|---|---|
| JICM | 전구급 3군 합동분석모델 | '01 | 무상획득 |
| IETM | 전구급 해상전 분석모델 | '95 | 무상획득 |
| TACWAR | 전구급 공지전투 분석모델 | '94 | 무상획득 |
| COSAGE/CEM | 전시피해율 산정모델 | '97 | 무상획득 |
| GCAM | 해군 분석모델개발도구 | '99 | 구매(1.2억 원) |
| Thunder | 전구급 공중전 분석모델 | '98 | 구매(3.0억 원) |
| CBAM | 기지작전 분석모델 | '98 | 구매(5.2억 원) |
| EADSIM | 전구급 방공전 분석모델 | '99 | 구매(1.2억 원) |
| JANUS | 대대급 지상작전 분석모델 | '02 | 무상획득 |

출처: 서정해 외 2, 「정보화 과학화 시대에 적합한 우리 군의 소요결정체계 정립방안」, (서울, 국방연구원, 2002) p.148.

---

75) 서정해 외 2, 「정보화 과학화 시대에 적합한 우리 군의 소요결정체계 정립방안」(서울, 국방연구원, 2002) p.41.

셋째 주 장비 및 전력화지원요소의 소요제기 결정절차 사이에 조직의 전문화와 더불어 과학적인 기법 적용을 위한 절차도 반드시 필요한 사항이지만 현재 각 군별 적용할 수 있는 여건 조성이 미흡하다. 전투실험과 같은 과학적 기법의 절차가 고려되려면 먼저 실험을 할 수 있는 모델이 필요하다. 모든 것을 다 만들어 보거나 직접 실험할 수 없기 때문에 대안을 미리 분석하고 제작을 하여 미리 검토해야 되는데 여기에 합동운용환경하의 여러 가지 시뮬레이터, 시뮬레이션, 워게임 모델 등이 필요하다. 획득을 위한 전투실험모델은 부족한 실정이며 최근 5년간 모의분석에 투자된 예산이 훈련 분야에 집중됨에 따라 전투실험에 필요한 분석과 획득용 모의분석에 대한 투자는 상대적으로 소홀하여 전체 투자 예산의 4.8% 수준에 그치고 있다.[76]

넷째 민간 분야의 기술 발전 속도는 대단하다. 따라서 선진국이 추구하는 방법과 같이 소요제기 및 결정전에 가용한 기술을 기술시범에 적용할 수 있다면 소요결정 이후에도 시행착오를 최소화하면서 체계개발을 실시할 수 있다. 그러나 전투실험 관련 비용은 획득비용이 아니라 경상유지비로 집행되기 때문에 민간에서 개발한 상용모델들을 도입하는 것은 제한되는 실정이다.

이와 같은 점을 판단해 보면 문서에 의한 주 장비 및 전력화지원요소의 소요판단은 미래양상에 비춰볼 때 바람직하지 않다. 따라서 절차상에 합동전장양상을 고려할 수 있는 전투실험 및 기술시범에 의한 소요판단 절차가 포함되어야겠으며 소요가 발생하면 주 장비와 전력화지원요소에 대한 조기 검증할 수 있는 절차 구축이 요망된다.

---

76) 서정해 외 2, 전게서, p.148.

## 나. 육 군

육군의 소요제기 절차는 〈그림 3-3〉와 같이 합참의 합동전장운영 개념에서 지상전장운영개념을 도출하고 교육사에서 제기하는 중·장기 전력소요를 판단하여 합참에 신규소요를 제기한다. 교육사는 육군 지상전장운영개념에서 전장기능별 운영개념 및 요구능력을 도출하고 전투실험을 통하여 군사력 소요를 도출하여 중·장기 전력소요를 패키지화하여 육본에 제안한다. 또한 각 병과학교는 병과별 전장기능 및 요구능력을 정립하고 이에 따른 전투발전요소를 도출하여 전투실험을 통해 검증한 후에 중·장기 전력소요를 패키지화하여 교육사에 제안하는 절차를 구성하고 있다.

〈그림 3-3〉 육군 전력소요제기절차

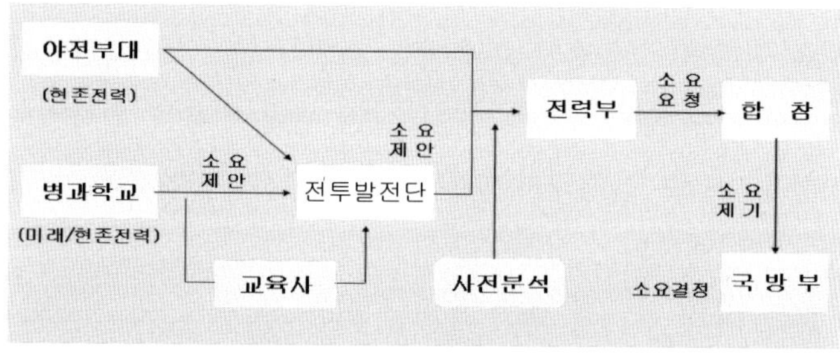


출처: 육군본부, 「방위력개선직무교육」(2006), p.28.

육군의 경우 주 장비와 전력화지원요소의 소요에 대해 야전부대 및 군수사령부, 병과학교에서 소요요구를 하면 육 본부·감실, 교육사에서 소요제안을 한다. 육군 전력발전업무규정 027에 반영하여 교육사는 〈그림 3-4〉과 같이 전장기능별 단위전력에 대한 소요를 제안하기 전에 전투실험을 실시하고 소요제안 후에도 지속적인 모의 및 실기동 전투실험

으로 통합전력발휘가 가능하도록 운용개념 및 작전운용성능을 구체화
하여 체계개발 시 반영하고 있다.

## 〈그림 3-4〉 전투실험절차

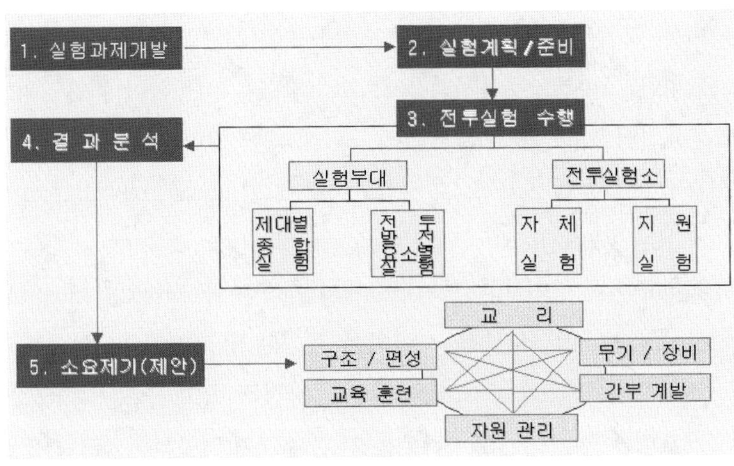


출처: 육군 교육사 전력부 전투실험처 홈페이지, "전투실험 절차", (2006. 4. 26.)

정보화 시대의 첨단기술 획득 및 군사적 활용을 검증하며 전투수행
방법 변화에 따른 문제점을 해결하는 방향에서 도입되었으며 그와 관
련된 전투실험소는 각 병과학교별로 운용하고 있다.

## 〈표 3-11〉 전장기능별 전투실험소 기능

| 구분 | 지휘통제<br>통신 | 정보 | 탑승기동 | 비탑승<br>기동 | 화력 | 방호 | 전투근무<br>지원 |
|---|---|---|---|---|---|---|---|
| 주<br>기능 | 육 대 | 정보학<br>교 | 기계화<br>학교 | 보병학교 | 포병학교 | 화학학교 | 종합군수<br>학교 |
| 보조<br>기능 | 정보·정보<br>통신학교 | 정보통신<br>학교 | 공병·항공<br>학교 | 공병학교<br>특전교육단 | 방공·공병<br>·항공학교 | 방공·공병<br>·정보학교 | 종합행정<br>학교 |

출처: 육군 교육사, "전투발전업무체계 발전방향", 2002 보고서, p.42.

전투발전요소 관련 전투실험수행을 1999년 이후 총 84건을 실시하였으며 제한된 전투실험 및 상호 운용성에 대한 실험을 실시하였다. 전투실험의 예를 살펴보면 기계화 학교에서 JANUS모델을 이용하여 사거리, 관통력 등의 입력자료를 넣어 워게임과 실장비운용으로 피·아 전차 실기동 교전을 통한 기갑부대 교리를 발전시키고 있으며 지뢰지대 극복을 위한 장비복합운용시험을 JANUS모델을 이용하여 워게임과 실장비 운용실험으로 공병장비의 운용교리에 대한 발전을 꾀하고 있다.[77]

최근 국내에서 활용된 모의 실험모델을 보면 JICM(Joint Integrated Contingency Model), TACOS(Tank Combat Simulation), 비전-21 등을 활용하였다. 먼저 미랜드연구소에서 제작한 JICM(Joint Integrated Contingency Model) 모델을 사용하여 무기체계 도입에 따른 효과 분석을 실시하여 무기체계 도입에 따른 작전적 영향을 분석하였으며 TACOS모델은 전차의 효용성 분석을 위해 개발되었는데 〈그림 3-5〉와 같이 기계화 학교에서 전차의 최적 교전 거리 산출 실험을 실시하는 데 활용되었다.

〈그림 3-5〉 TACOS 분석자료처리 화면    〈그림 3-6〉 비전-21 시뮬레이션 화면

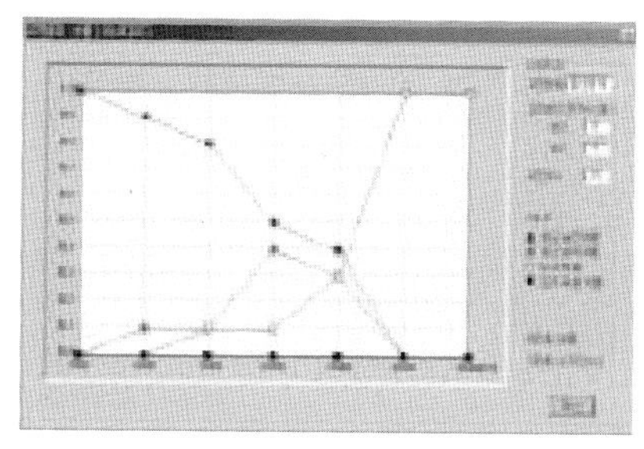 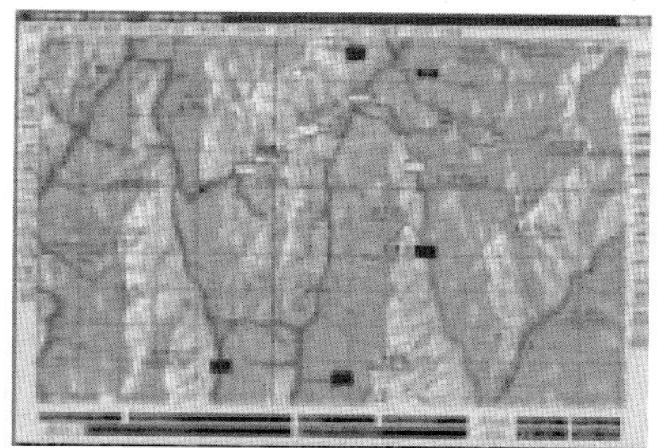

출처: http://26.1.1.40:2003/org/develop/silhum/index.htm

---

77) 교육사, "전투실험사업의 추진방향", 전투발전지 95호(1999), pp.20-21.

비전-21에 의한 전투실험모델을 육군 교육사령부에서 개발하였다. 이 모델을 통해 〈그림 3-6〉와 같이 편제, 전술적 편성(배속, 일반지원, 직접지원 등)에 의한 전투효과 분석과 무기체계의 전술적 효과분석으로 성능개선요소(기동성, 살상력, 발사속도, 명중률, 사거리 등)의 전술적 효과를 측정할 수 있다. 이 외에도 모의분석이 가능한 모델은 여러 가지가 있으나 이러한 전투실험모델들이 단순히 전투효과를 분석하고 훈련하기 위한 모델이라는 인식은 변화되어야 한다. 이러한 모델들을 통해 모의분석 및 전투실험을 실시할 때 통합개념 팀 또는 전력화지원요소의 전문가가 편성된다면 교리, 편성, 교육훈련 측면을 분석할 수 있고 또한 소요를 판단할 수 있는 모델로 발전시킬 수 있을 것이다.

육군은 전투실험을 통해 전투발전소요를 도출하고 검증하는 체계를 도입하여 운용하고 있으나 절차상에서의 문제를 살펴보면 다음과 같다.

첫째 국방획득관리규정상에 소요제기 및 검증방법이 명시되어 있지 않아 소요제기 및 검증 시 소요에 대한 전투실험 적용은 의무사항이 아니다. 각 사업별로 어떤 수준의 전투실험 적용할 것인지에 대한 적용방법이 구체화되어 있지 않은 실정이다. 또한 각 병과학교 및 관련부서의 인가인원 대비 보직인원 부족, 담당인원의 전문성 부족, 전투실험모델의 부족, 전투실험관련 예산의 부족으로 실효성 있는 운영이 제한되는 실정이다.

둘째 국방부에서 체계개발을 승인하는 사업의 경우, 방위사업청이 '갑', 국과연이 '을'이 된다. 이때 소요군은 소요제기를 하지만 제3자가 되는 것이다. 소요군의 요구는 '을'에게 직접적인 구속력을 가지지 못한다. 따라서 실무자는 업무를 추진하는 데 한계가 발생하게 되어 있다. 육군규정에 획득관련 대외기관이 해야 할 일을 명시하는 것은 효력이 없다. 상황이 불투명하여 책임져야 할 문제가 예상되거나 위험부담이 있을 경우에는 소요군의 의지를 주장할 수 없게 되는 문제점을 낳게 된다.

## 2. 전력화지원요소 관련 시험평가 절차

소요제기 시부터 전력화지원요소에 대한 반영이 제대로 이루어지지 않았기 때문에 설령 조직이 편성되어 업무를 추진한다고 해도 전력화지원요소의 평가 결과가 전투용 불가 판정이 내려져도 주 계약업체에게 시정요구를 할 수 없는 상황이다. 전력화지원요소에 대한 검증 임무를 보다 원활히 수행하기 위해서는 전력화지원요소에 대한 소요제기가 우선 이루어져야 되며 그와 병행해서 시험평가가 절차에 의해 진행되어야 한다.

주 장비 및 전력화지원요소의 시험평가 절차상의 문제점을 분석해 보면 다음과 같다.

첫째 주 장비 및 전력화지원요소에 관한 시험평가는 연구개발 시에는 체계개발 단계, 국외도입 시에는 기종결정단계에 국한되어 이루어짐으로 시험평가가 획득 초기에 시행되지 않으므로 획득사업 진행 시 소요제기 부분에서 요구된 사항의 진척상황이나 결함발생 여부 등에 대해 검증되지 않아 위험을 내포하고 있다.

둘째 주 장비 및 전력화지원요소에 대한 시험평가 방법의 개선이 요구된다. 실제시험에 의한 시험평가 위주로 사업을 진행하고 있는데 실시험평가 위주의 시험평가는 체계 개발 및 양산 배치 전까지는 교리, 편성, 교육훈련에 대해 원활히 수행할 수 없다. 또한 소량의 시제품을 가지고 교리, 편성 등의 문제점을 분석하는 것은 제한된다. 전력화지원요소를 시험평가하여 결과를 산출하고 비교하려면 모의분석 및 전투실험에 의한 시험평가가 활성화되어야 한다. 주 장비 및 전력화지원요소에 대한 기술시험평가는 기술위주의 시험평가가 되어야 하며 운용시험평가는 임무수행의 적합성 및 효율성을 시험하면서 교리, 편성, 교육훈련 측면을 검증할 수 있도록 모의분석 및 전투실험에 의한 시험평가가 요구된다.

셋째 국외도입 시험평가의 경우 전력화지원요소와 관련하여 교리 측면은 한국군 운용에 맞는 교리를 검증해야 하는데 운용교범 및 교리의 번역작업이 늦어 무기체계를 운용하면서 교리를 발전시키는 측면이 많이 잔존해 왔으며 편성 측면에서도 한국군의 환경에 맞도록 임무를 재조정하여 편성하는 절차를 거쳐야 한다. 또한 우리 군의 인적자원 환경에 맞도록 구성해야 하나 신장비의 체계에 구장비 운용인원을 배치시키는 경우가 잔존해 왔으며 교육훈련 장비의 계획반영 미흡으로 장비 운용 중 시뮬레이터의 소요를 개발하거나 도입하는 경우가 발생하였다.

## 제4절 국내 무기체계 전력화지원요소 사례

### 1. 개  요

전력화 업무환경 변화와 연계하여 군수지원 특성 면에서 첨단장비에 대한 낮은 정비 효율성 등으로 운영유지비의 비중이 증가하게 되었다. 때문에 무기체계의 신뢰도/정비도(Reliability & Maintainability)를 분석하고 정비체계 개선에 의한 무기체계의 가용도(System Availability)

를 제고하여 장비유지비를 절감(Life Cycle Cost Reduction)하는 것은 매우 중요한 문제다. 특히 미래 무기체계 변화에 따른 종합군수지원 (ILS)의 중요성이 증대되고 있는데 이는 〈그림 3-7〉의 '무기체계 주 장비와 ILS 비용 비교'에서 제시된 것처럼 연구개발 무기체계 경우 ILS 비용이 적게는 35%를 차지하고 직구매 무기체계 경우 ILS 비용이 주 장비 비용을 초과하여 60%까지 달하고 있는 사례에서 여실히 알 수 있다.

〈그림 3-7〉 주 장비 및 ILS 비용 비교

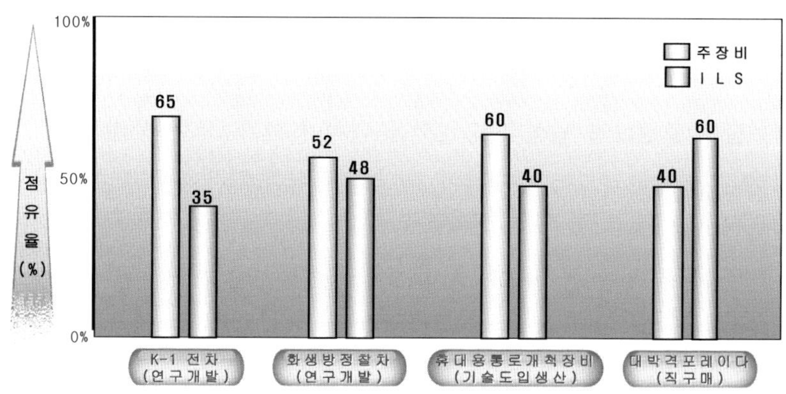


출처: 육군본부 「'06 전력화 지원 업무발전 세미나」, (2006), p.48.

또한 〈그림 3-8〉은 초기 전력화 지원 업무가 무기체계 수명주기 비용에 얼마나 큰 영향을 미치는가를 제시하고 있다. 무기체계 개발과 함께 얼마나 ILS 개발을 중시하는가에 따라 군수지원 비용이 현격하게 절감될 수 있다는 것을 보여주고 있다. 단계별 ILS 개발 실지출비용은 최초에 서서히 증가하다가 개발이 진행될수록 기하급수적으로 증가한다.

무기체계 수명주기비용 절감기회 곡선에서 보듯이 무기체계 개발 초기에는 ILS와 관련하여 대상 무기체계의 잘못 설계된 부분을 용이하게 수정, 개선할 수 있지만 탐색개발 종료 후부터는 설계의 수정, 보완이 급격히 어려워져 개발 후반기로 갈수록 오류를 수정하더라도 근본적인 문제를 해결하지 못하고 최소한의 수정밖에 할 수 없게 된다.

따라서 누적 수명주기비용 곡선에서 알 수 있듯이 무기체계 개발과 함께 ILS 개발을 시작하면 최적의 ILS를 개발할 수 있어 전력화 이후 무기체계 수명주기 비용을 최소화할 수 있게 된다.

〈그림 3-8〉 초기 전력화 지원 업무가 수명주기 비용에 미치는 영향

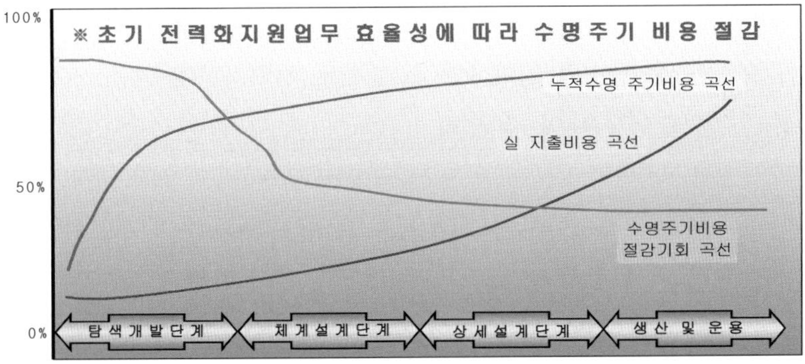

출처: 육군본부 「종합군수지원 실무지침서」, (2005), p.22.

## 2. ILS 요소 미확보 사례

전력화지원요소는 전투발전요소와 종합군수지원(ILS)요소로 구분할 수 있다. 전투발전요소는 소요군의 전투발전을 위하여 무기체계 획득과 연계하여 수정/발전시키거나 신규로 개발/획득하여 지원하는 요소로서 여기에는 '군사교리', '부대편성', '교육훈련', '시설', '무기체계 상호 운용에 필요한 H/W 및 S/W(주파수 확보 포함)' 등이 있다.

ILS 요소는 무기체계의 개발, 획득, 배치 및 운용에 수반되는 제반 지원 요소로서 여기에는 '연구/설계반영', '표준화/호환성', '정비계획', '지원장비', '보급지원', '군수인력교육', '군수지원교육', '기술교범', '정비/보급시설', '기술자료 관리', '포장/취급 및 저장/수송' 등 11대 요소가 포함된다.

〈그림 3-8〉에서 보는 바와 같이 무기체계 주 장비 개발과 함께 ILS 개발을 시작하면 무기체계 수명주기 비용을 최소화할 수 있다는 사실을 간과하고 과거 우리 육군은 ILS 요소를 지연 배치하거나 ILS 요소 자체를 미확보하는 등 전력화 지원 업무에 소홀한 경험을 가지고 있다. 〈표 3-12〉은 K55 자주포 및 K1 전차 등 주 장비가 전력화될 때 ILS 요소는 지연 배치된 사례로서 교범발간, 정비체계 개발 등 ILS 요소가 주 장비와 함께 PACKAGE로 전력화되지 않음으로 야전 운용이 제한되었음을 알 수 있다.

〈표 3-12〉 ILS 요소 지연배치 사례

| 구 분 | '84 | '86 | '87 | '88 | '89 | '90 | '91 | '92 |
|---|---|---|---|---|---|---|---|---|
| K55 자주포 | 주 장비 배치 | 교범 발간 | 공구 보급 | 정비병 양성 | 야전 정비체제 구축 (창정비 요소 미개발) | | | |
| K1 전차 | | 주 장비 배치 | 부대정비요소 개발 | 야전정비요소 개발 | | 창 정비 요소 개발 ('96년 완료) | | |

출처: 육군본부 「'06 전력화 지원 업무발전 세미나」, (2006), p.50.

또한 ILS 요소들이 확보되지 않아 주 장비의 완전한 성능발휘를 저해한 사례를 〈표 3-13〉와 같이 종합할 수 있다.

〈표 3-13〉 ILS 요소 미확보 사례

| 요소별 | 실태/영향 | 주요장비 |
|---|---|---|
| 정비계획 | **정비개념  미설정**<br>☞ 체계적인 정비지원 불가 | K1전차, 장갑차, UH-60,<br>CH-47 |
| 지원장비 | **확보 지연**<br>☞ 주 장비 운용 및 정비활동 미보장 | K1전차, 장갑차, 호위함, 500MD,<br>155미리 자주포, 음탐기 |
| 보급지원 | **소요 수리부속 보급지연**<br>☞ 불가동 장비 장기 체류 | K1전차, 장갑차, 전자전 장비,<br>광파거리 측정기 |
| 군수인력/<br>지원교육 | **신형장비 정비기술 미확보**<br>☞ 정비능력 미구비 | K1전차, 장갑차, 다연장로켓,<br>155미리 자주포, 광파거리 측정기 |
| 기술교범 | **미발간/지연**<br>☞ 취급 시 고장 과다 발생 | K1전차, 장갑차, UH-60,<br>전자전 장비, 광파거리 측정기 |
| 정비 및<br>보급시설 | **미확보/지연**<br>☞ 옥외정비로 성능 미보장 | 155미리 자주포, K1전차,<br>CH-47 |

출처: 육군본부 「'06 전력화 지원 업무발전 세미나」, (2006), p.50.

## 3. 야전실사 결과

ILS 요소 개발 현황으로서 10년 전 국방부 자료를 확인해 본 결과 ILS 요소를 미확보했거나 지연 배치했음을 알 수 있었다. 그렇다면 최근 전력화되고 있는 육군의 주력 무기체계에 대한 전력화지원요소 개발 실태를 살펴보고자 한다.

지난 '06년 2월에 교육사 종합군수지원처[78]에서는 전력화 배치 중인 7개 신형장비(〈표 3-14〉 참조)에 대하여 13개 운용 및 지원부대와 국과연 및 업체 등 개발기관을 대상으로 야전실사를 실시하였다. 이때 확인중점은 무기체계별 교범(운용 / 기술)의 적기보급 및 활용,

---

78) 부대개편('06. 4. 1부): 현 육군 전투발전단 전력화 지원관리과로 본 연구 작성자가 보직되어 있으며, 야전실사에 동참하여 작성한 결과임.

무기체계 특성에 맞는 운용 및 정비인력 편성 여부, 신형 무기체계 운용 숙달을 위한 교육훈련 여건 구비, 후속 군수지원 보장을 위한 유지대책 강구에 두었다.

〈표 3-14〉 야전실사 대상장비

| 구 분 | K1A1전차 | K-9자주포 | BTCS | UAV | 천마 등 |
|---|---|---|---|---|---|
| 배치연도 | '01~'11 | '00~'10 | '01~'07 | '02~'04 | '00~'05 |
| 배치대수 | 128대<br>(20사) | '06 : 2064문<br>'10 : 139문 | 25셑 | 6식<br>(수도,2,3,6,8군단) | 109문 |

## 가. 전투발전요소 실태

첫째 교리 분야에 있어서는 먼저 정비용 기술교범 인가부족으로 정비 간 교범 활용이 제한되었다. 정비인력은 중대까지 인가되었으나 K1전차 사용자 교범, 부대정비 차체교범/포탑교범 등 11종의 사용자 및 기술교범은 대대단위까지 인가하여 중대 정비인력의 기술교범 활용이 곤란하였다. K9 자주포의 경우 부대정비용(1~2계단) 교범 중 주유명령서, 승무원 점검표 등 사용자 정비(1계단) 교범의 인가가 누락되었다. 또한 정비지원부대에 필요한 교범 중 일부가 보급되지 않았는데 사단급에는 K1A1 보급대상 19종 218권 중 88권이 보급되지 않았고 군지사에는 K1A1 사용자 교범 등 운용교범 일체가 인가되지 않았음을 확인하였다.

또한 K9 자주포가 '00년에 야전배치 시작되었으나 훈련 및 평가 지침서는 '04년이 되어서야 지연 발간되어 야전 전술훈련 평가가 제한되었으며 K1A1 전차의 경우 부대정비용 전자식 기술교범(ITEM)[79] 11

---

79) 전자식기술교범(IETM: Interactive Electronic Technical Manual): 무기

종에 대한 최신화 관리가 미흡하여 야전활용이 제한되었다.

둘째 교육훈련 분야에서는 먼저 교육용 완성장비가 부족하고 학교기관 배치가 지연되어 운용병 양성교육에 제한을 받았다. '01년 신궁, 천마 등 야전배치 시 종합군수학교는 전력화가 제외되어 교육훈련 시 이론위주의 교육을 진행할 수밖에 없었으며 MLRS는 교육용 장비가 포병학교에 미편제되어 이론교육 과정만 편성되어 있었다.

K9 자주포 및 K1A1 전차에 있어서는 조종 시뮬레이터 및 사격훈련 장비의 개발이 지연되어 교육훈련이 제한되었다. K9 시뮬레이터 개발에 대한 소요제안은 '06년에야 계획되어 있으며 K1A1 전차는 '01년 야전배치 후 4년이 지난 '05년에 와서야 훈련 총포용 장치가 보급되었다.

실물 교보재 또한 지연 보급되거나 일부가 누락되어 보급됨으로써 정비교육에 애로가 있었다. K9 자주포 실물 교보재(엔진 등 5종), 모형 교보재(연료 계통로 등 4종) 등도 주 장비 전력화 5년 이후에야 보급되었다. BTCS[80] 전원공급기, 케이블 등 정비교육 장비 구성품 일부는 아예 보급이 누락되었다.

## 나. 종합군수지원(ILS) 요소 실태

첫째 장비 고장진단을 위한 시험장비가 부족하여 정비지원에 제한을 받고 있었다. 정비부대에 시험장비 인가가 부족하여 정비지원이 제한되고 있었는데 K1A1 전차 전기장치 종합시험기는 수량이 부족하여 지역단위로 보급함으로써 정비 신뢰성 유지에 애로사항이 많았고 전

---

체계의 고장진단 및 정비를 위하여 필요한 기술정보를 정비기술자와 상호대화 형식으로 보여줄 수 있는 구조와 형식을 최적화한 디지털 형식의 기술교범.

80) Battalion Tactical Command System, 포병사격지휘자동화체계.

차 사통장치 시험기는 사단에 보급되지 않아 결함 진단이 곤란하였다. 또한 시험장비용 M/F가 없어 정비지원 공백이 발생하기도 하였는데 '99년 도입된 UAV 동압시험기는 고장으로 공군시험소에 입고되어 외주정비를 의뢰한 상태로서 UAV 비행 전 속도/고도센서 이상 유무에 대한 사전점검 등이 극히 제한되었다.

둘째 부수 지원장비 용량이 부족하고 보급이 지연되어 정비 효율성이 저하되었으며 정비인력이 편제에 미반영되어 제반 정비업무에 애로를 겪고 있었다. 중량 2톤의 비호 파워팩 정비를 위해서는 10톤 구난차가 필요하나 5톤 구난차를 사용하여 탈거하므로 구난차 용량이 충분하지 않아 붐대가 휠 우려가 있는 등 불안전하였고 K9 부대정비용 일반 공구셀 구성품이 지연 보급되어 부대정비에 제한이 있었다. 또한 K1A1 전차 중대정비관, 비호 정비부대 레이더 정비관 등이 편제되지 않았고 사격계통의 설계가 기존 자주포와는 완전히 다른 K9 일반지원 정비인력이 근접정비반에 미편성되어 현장위주 근접지원에 상당한 제한이 있었다.

셋째 유지용 수리부속품 지원 대책이 미흡하여 장기간 정비 대기하는 경우가 발생하고 있으며 정비시설의 소요예측이 미흡하여 정비공간이 협소하고 효율성이 저하되었다. K9의 경우 동시조달수리부속(CSP)[81] 외의 수리부속품 95%(6,582항목)가 미등록되어 필요시 야전청구가 곤란하였다. K1A1 전차 사통장치 중 긴요 수리부속품을

---

81) 동시조달수리부속(CSP: Concurrent Spare Parts): 초도 및 후속 보급되는 장비의 필수소요 수리부속품을 장비와 동시에 조달하여 효율적인 장비유지 및 정비관리를 도모하기 위한 수리부속품을 말한다.
초도보급 소요산정 시 사용부대 및 지원시설부대의 3년간 보급지원을 고려하여 확보하며, 방위사업청에서 군수지원분석을 고려하여 설정하고 후속양산단계의 보급소요는 소요군의 야전 운용제원을 반영한다.

CSP 선정에 제외되어 신규 조달보급 시 장기간 정비 대기하는 사태가 발생하기도 하였다. 또한 K9, K1A1 등 신규 전력장비의 규격을 고려하지 않고 기존의 K55 정비고 등을 활용하게 함으로써 작업공간이 협소하고 천정 크레인의 사용이 불가하여 작업효율이 저조하였을 뿐 아니라 전력화 장비의 신규적용 장치를 위한 정비용 시험장 소요를 반영하지 않는 등 여러 가지 ILS 요소가 누락되거나 지연되는 사례를 확인할 수 있었다.

상기한 야전 실태조사 결과, 신형 무기체계가 전력화될 경우 전투발전 및 ILS 등 전력화지원요소 또한 주 장비와 PACKAGE로서 동시에 야전 배치될 수 있는 방안이 강구되어야 할 것이다.

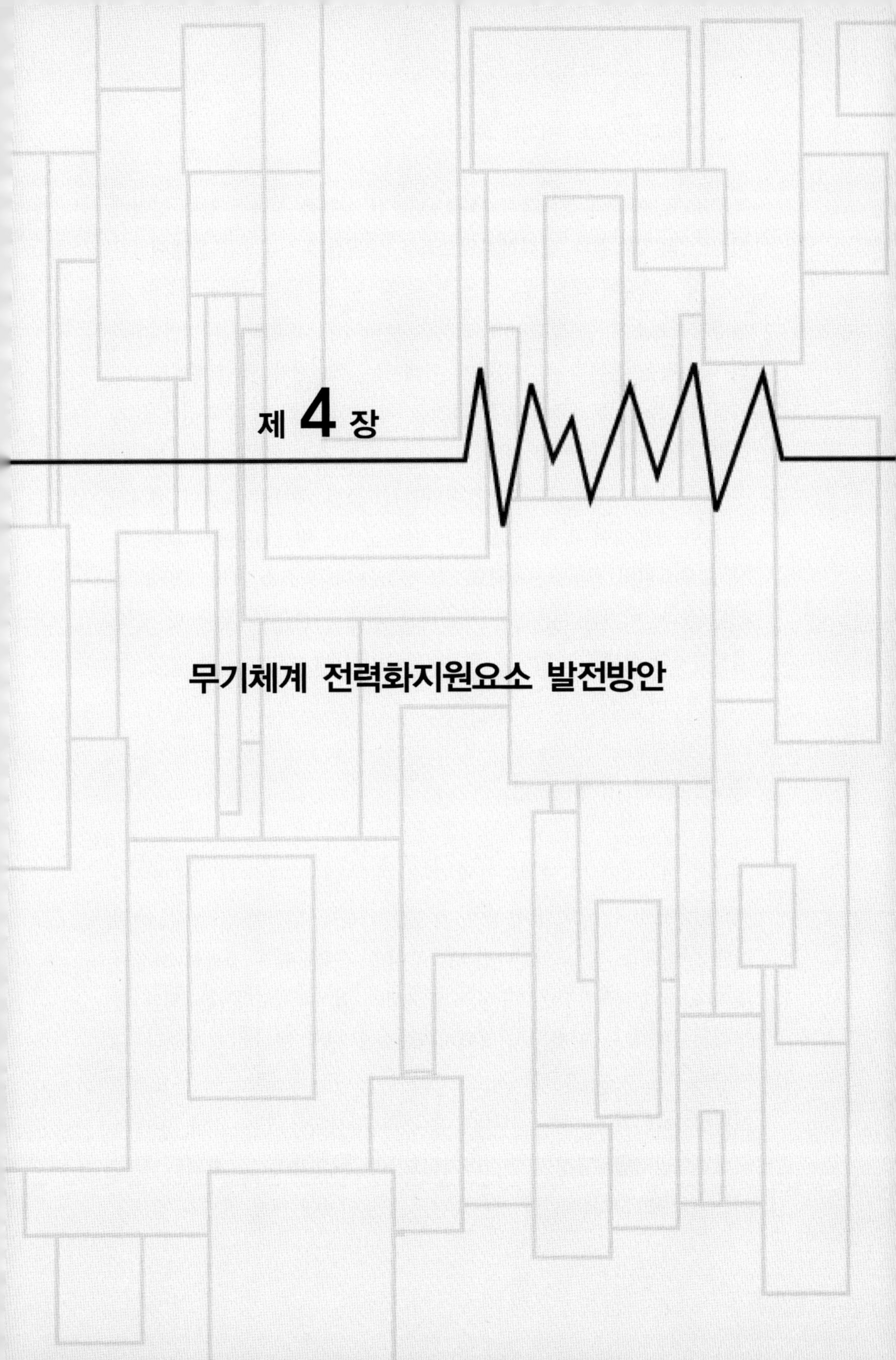



# 무기체계 전력화지원요소 발전방안

국내 및 미국의 전력화지원요소에 관한 실태를 사례를 들어 앞장에서 비교해 본 결과 전력화지원요소를 둘러싼 두 나라의 환경여건은 사실 비교대상이 되지 않는다는 것을 잘 알 수 있다. 특히 미국의 전력화지원요소에 관한 경험적 교훈은 우리에게 미래전에 대비한 우리의 국방력을 튼튼하게 건설하기 위해서는 소요제기 및 결정에서부터 시험평가 등의 무기체계 획득 과정에 이르기까지의 모든 과정에서 과학적 기법 적용이 필요하다는 사실을 가르쳐 주고 있다. 비단 이런 교훈이 아니더라도 우리 군의 전력화지원요소별 세부적 요건이 제시되지 않아 개발하여 획득사업을 준비하는 군이나 방산업체에서 교리, 편성, 교육훈련의 전투발전지원요소와 종합군수지원요소 간의 혼란을 초래해 왔다. 이러한 문제점을 해결하기 위해 관련규정, 문서 및 조직, 업무절차의 실태를 바탕으로 개선사항을 제시해 보면 다음과 같다.

# 제1절 관련 규정 측면

국내 연구개발 및 국외도입에 의해 획득되는 전력이 주 장비와 전력화지원요소의 상호 운용성이 검증된 가운데 일괄처리(Package)된 상태에서 획득 및 도입된다면 주 장비의 전력발휘가 충분히 보장될 것이다. 국방전력발전업무규정의 연구개발 업무체계도와 국외도입 업무체계도를 보면 절차는 전력화지원요소에 대해 명시하고 있으나 규정상에는 요구조건을 개략적으로 요구하고 있는데 특히 어떤 요건을 시험평가하는지에 대한 세부내용이 전혀 명시되어 있지 않다. 따라서 국방전력발전업무규정에 전력화지원요소별 반영해야 할 요건은 무엇이고 절차별 고려해야 할 세부요건은 무엇인지에 대해 반드시 검토·

명시해야 한다. 물론 전력화지원요소의 획득비용이 본 사업에 반영된다면 전체 사업비는 증가할 것이나 전력증강의 합리화 및 운영유지비의 절감을 기대할 수 있게 되는 것이다.

## 1. 전력화지원요소 관련 소요제기 규정

### 가. 교 리

우리 군은 현재 무기체계의 획득 과정에서 주 장비의 획득을 우선시하여 장비를 개발하면서 장비의 운용개념과 정비개념을 만들어 가는 선 장비 개발 후 운용개념정립이라는 형태를 취하고 있다. 이미 선진국에서 기개발한 장비의 수준을 적용한 목표를 선정하여 개발해 나가고 있다. 그런데 선진국에서 기 적용 중인 교리를 참고하면 되는 것이라는 생각을 가지고 교리를 개발할 수 있으나 우리가 구상하는 미래의 전장 구성요소는 현 선진국과는 다르다. 이 때문에 우리의 환경과 특성이 고려된 작전개념 체계, 즉 교리가 필요할 것이다. 작전운용에 대한 아이디어를 받고 아이디어에 대한 전투실험 등의 기법으로 검증하고 그 결과를 교리에 반영하여 개발될 무기체계는 교리를 충족시킬 수 있도록 무기체계를 개발해야 하는 것이다.

신장비를 개발하거나 획득함에 따라 반영되어야 할 요건은 주 장비의 운용 및 정비를 위한 교리의 정립이다. 이 교리는 무기체계가 개발되어 운용될 시점, 즉 현재가 아닌 미래에 적용되는 검증된 개념을 의미한다.

지금까지 우리 군은 주 장비 위주의 획득으로 인해 기존의 교리체계를 그대로 적용하려는 우를 범해 왔다. 또한 중·장기 교리종합발전

계획에 의한 발간 및 개정 시의 상이로 인해 교리체계의 중점인 교범의 제작이나 번역이 늦어져 전력화 지원이 제한되는 결과를 초래해왔다. 획득경험 부족으로 발생했던 일들을 교훈으로 여기고 그 교훈들을 살릴 수 있도록 다음과 같이 교리에 대한 요건은 소요제기 시 필히 고려하는 것이 바람직하다.

첫째 운용교리는 무기체계의 신장비 획득(연구개발, 국외도입)과 기존의 운용 중인 장비의 성능개량으로 명확히 구분된 교리가 필요하다. 연구개발은 체계를 개발해 나가면서 운용교리에 대한 검증을 해나가야 하고 국외도입은 주로 완성된 무기체계를 도입하기 때문에 운용교범의 획득 및 국내 여건에 맞게 번역작업이 진행토록 예산배정, 인력운용 등의 여건조성이 필요하다. 성능개량은 기존의 교리를 바탕으로 장비의 운용범위를 개선해 나가고 신규 획득 시는 소요제기 및 획득절차 전 단계에서 운용교리를 고려하여 사업을 추진해야 한다. 즉 장비의 개발 후 교리의 적용이 아니라 미래의 군 운용을 고려하여 교리가 개발된 후 장비의 개발이 진행되어야 한다. 장비의 첨단 과학화는 운용자의 조작 편의, 성능 향상(사거리, 파괴력 및 정확도 등)을 고려하여 운용교리를 정립해야 한다.

둘째 정비교리는 전투준비태세 유지 및 신속한 정비에 주안을 두고 교리 및 정비체계를 정립해야 한다. 장비를 운용하기 위한 유지 대책과 전력발휘를 위한 정비체계 편성은 전·평시에 전투장비의 조속한 복귀와 전력발휘 보장을 위해 부대정비로 수행할 부분과 야전 및 창정비로 수행해야 할 범위를 판단하여 정비계단 구분을 실시하는 것이 필요하다. 또한 무기체계별 기술교범 인가 기준을 마련하고 관련 교범을 활용하고 감독하는 체계를 정립해야 한다. 정비인력 인가제대와 기술교범 인가제대의 연계성을 유지하고 상위 정비제대에 하위제대 사용교범(운용/정비)을 포함하여 인가해야 하며 전자식기술교범(IETM)을 최신화할 수 있도록 방위사업청과의 계약실태를 확인하고 최신화 CD를 배포할 수 있도록 교범 활용계획이 포함되도록 해야 한다.

이러한 운용교리와 정비교리의 요건은 〈표 4-1〉과 같이 제시할 수 있다.

〈표 4-1〉 운용교리 및 정비교리 요건

| | |
|---|---|
| 운용교리 | • 성능개량, 신장비 획득을 구분하여 체계에 맞는 운용 교리 정립.<br>• 운용교범의 수정·보완, 신규소요<br>• 운용교범의 형태 및 배포 시기, 운용교육의 범위 |
| 정비교리 | • 수행되어야 할 정비업무와 정비계단별 구분<br>• 정비교범의 수정·보완, 신규소요<br>• 정비교범의 형태 및 배포 시기, 정비교육의 범위 |

## 나. 편 성

신장비를 운용 및 정비하기 위한 인력 편성은 사업계획 및 연차별 부대계획 등에 의해 판단되고 획득되어야 한다. 장비를 운용하는 인력의 전문성도 중요하지만 정비를 하는 부대 및 야전 정비인력의 편성 체계를 장비 배치된 후 발생되는 문제점을 통해 개선 및 보완될 경우 운영유지에 문제를 초래할 수 있다. 따라서 정비체계뿐만 아니라 정비 인력의 자질도 편성직위 충원 시 반드시 고려되어야 할 것이다.

임무수행에 필수적인 '과업'(Task)을 식별하고 또 불필요한 과업을 제거하고 조직구조, 작업수행방법 및 절차, 장비, 시설, 작업조건, 작업 환경 등을 분석 검토하여 이를 개선하기 위한 설정된 조직에 대한 편성은 신교리, 발전된 기술, 현대화된 장비에 대해 끊임없이 반복적으로 소요에 대해 검토를 실시해야 한다.

인력편성에 대한 요건은 〈표 4-2〉의 내용과 같다.

〈표 4-2〉 편성 요건

| 운용병력 | • 운용병력별 임무 및 과업분석<br>• 장비를 효율적으로 사용할 수 있는 주특기 검토<br>• 기존 특기자 조정운용가능성, 새로운 특기의 소요 검토 |
|---|---|
| 정비병력 | • 정비인력의 임무 및 과업분석<br>• 신장비 체계 유지를 위한 정비 인력의 획득 가능성 여부<br>• 새로운 군사 특기자 개발 및 기존 특기자 조정가능성 검토 |
| 편성장비표 | • 성능개량·신규도입에 따른 정비용 장비·공구 변동추이 |

### 다. 교육훈련

교육훈련체계는 소요제기 단계에서부터 주 장비 운용개념 정립과 동시에 고려되어야 하는 요소 중 하나다. 운용교육은 어떻게 할 것인가? 정비교육은 어떻게 할 것인가? 이것은 연구개발 및 국외도입이냐, 성능개량이냐에 따라 달라진다. 먼저 연구개발 및 국외도입의 경우에는 현재 보유하고 있는 장비를 신장비로 대치한다는 것에서부터 출발한다는 것을 간과해서는 안 된다. 신장비가 개발될 때 장비의 운용교육은 어떻게 할 것인가? 필요한 요소는 무엇인가에 대한 면밀한 고려가 없다면 장비의 운용부터 제한이 따를 수밖에 없다.

성능개량의 경우에는 기존의 교육체계를 유지하되 어떤 요소가 개량되고 변화되었는가를 추적하여 관리하는 기법이 요구된다. 또한 교육훈련 조직에 대한 보강이 선행되어야 하는데 장비가 개발되면 어떤 조직이 어떤 장비를 가지고 교육할 수 있는가를 먼저 판단하여 교육을 담당할 부서의 조직과 전문적인 인원의 확충과 장비 도입 전 선 교육체계가 요구된다. 교육을 전투력으로 전환시키는 데 필요한 시뮬레이터, CBT 등 과학화된 교육훈련장비는 주 장비와 같은 효과를 발휘할 수 있는 기능을 구비해야 하며 주 장비와 병행해서 개발되어 주 장비가 야전에 배치되기 이전에 보급되어 선 교육이 될 수 있도록 해야 한다.

교육훈련체계는 학교교육, 부대훈련, 교육훈련지원 형태로 구분이 되는데 학교교육과 부대훈련의 상호 연계성 있는 체계 구축이 요망되고 교육훈련에 대한 디지털화, 자동화, 표준화해야 하며, 디지털 전장에 맞는 교육훈련체계를 구축해야 한다. 미래의 기술발전을 가정한다면 교육 여건은 많이 달라지는데 교육훈련방법도 개선되어야 한다. 교육용 완성장비를 야전과 동시에 배치하고 운용 및 정비교육 체계를 정립해야 한다는 것과 소요제안서에 훈련 및 평가지침서를 동시에 개발하고 발간할 수 있도록 계획을 포함시켜야 한다는 것이다. 또한 조종 및 사격훈련 장비를 동시에 개발 가능토록 교육용 장비의 소요제기 계획이 포함되도록 하며 필요시 무기체계별 실물 교보재 개발 여부도 포함시켜야 한다.

교육훈련에 대한 필수 요건을 분석해 보면 〈표 4-3〉과 같다.

〈표 4-3〉 교육훈련 요건

| | |
|---|---|
| 훈련개념 | • 신장비 훈련개념을 포함한 체계운용, 정비 및 유지에 필요한 부대 및 학교교육 계획(장비 도입 전후 교육포함), 원격지원 교육 |
| 교육훈련<br>지원 | • 교육훈련 보조재료(차체, 포탑, 부속품 등), 훈련장치(시뮬레이터 등)<br>• 모의훈련장치(표적, 훈련탄, 컴퓨터 및 시청각 훈련)<br>• 보조재료의 필요성 및 예상 소요량 등에 관한 훈련 지원소요제기<br>• 디지털화된 교육훈련 절차(원격교육)<br>• 교육훈련 시설 및 부지소요, 교관 및 조교의 소요 |
| 군수개념 | • 교육보조 재료, 장치, 시뮬레이션, 시뮬레이터 체계를 운용유지 |

### 라. 종합군수지원

국방획득 패러다임이 전환되어 무기체계의 획득이 연구개발사업위주로 전환되어 가는 현실을 감안할 때 연구개발사업에 있어서 최소의 비용과 시간을 투자하면서도 후속군수지원을 보장하고 무기체계의 수명주기 동안의 총비용을 최소화할 수 있는 종합군수지원(ILS)의 중요성이 날로 부각되고 있다.

연구개발 단계에서의 종합군수지원 요소를 충실하게 반영하느냐, 그렇지 못하느냐의 차이는 전력화 후 운영유지를 위한 종합군수지원의 애로 및 문제점으로 직결되는 만큼 최적의 경제적인 운영소요를 창출해 낸다는 것은 대단히 중요한 일이다. 이러한 종합군수지원의 11대 요소의 전반적인 내용을 어떻게 추진해야 하는지에 대한 규정은 반영되어 있지만 그것을 획득절차 과정에서 어떻게 실현해야 하는지에 대한 세부적인 업무수행 내용이 아직까지는 미비한 실정이다.

따라서 종합군수지원의 업무수행을 보완하기 위해서는 다음과 같은 내용을 적극 고려해야 한다.

첫째 종합군수지원 규정, 방침, 세부절차는 지속적으로 보완되어야 하며 무기체계 범주별(단순, 복합 및 정밀장비 등)로 종합군수지원 수행범위와 방법이 구별돼 수행될 수 있도록 규정화시켜 발전시켜야 한다.

둘째 연구개발 및 국외도입장비의 경우, 야전배치 후의 종합군수지원 운용이 현행 군수지원 체계에 의거 동일하지만 전력화 결심 이전 종합군수지원 측면에서 효용성을 평가할 수 있는 방안과 보완 발전 규모가 정립되면서 배치되어야 한다.

셋째 주 장비 설계에 군수지원성을 체계적으로 반영하기 위한 활동과 제도적, 논리적 장치가 마련되어야 한다.

넷째 주 장비의 야전 배치 후 실제 발생하는 모든 군수지원 사항을 체계적으로 총괄 관리하여 장비 초도 배치 후 전력화 평가 종료 시부터 소요군과 개발업체 공동 관리를 해야 한다. 이러한 운용제원을 분석을 실시하여 산출된 제원이 환류되어 무기체계 개발 시 반영 조치될 수 있도록 규정 보완이 필요하다.

다섯째 창정비 관련 규정이 보완되어야 한다. 이의 필요성은 전력화 이후 구성품에 대한 창정비 소요발생을 대비하기 위한 조치로서 체계개발동의서에 창정비(군직, 외주) 및 창정비 개발 계획서를 포함시킴으로써 개발 시간 및 방법 그 범위에 대해 충분한 검토가 이루어질 것으로 생각된다.

## 2. 전력화지원요소 관련 시험평가 규정

전력화지원요소의 시험평가는 주 장비와 동일하게 운용성에 대한 적합성 여부를 기술적 측면에서 검증하기 위한 입증시험(개발시험평가)과 운용 측면에서 검증하고 최종적으로 승인하기 위한 확증시험(운용시험평가)으로 명시되어 있으나 실 사례를 살펴본 결과 입증시험(개발시험평가)이나 확증시험(운용시험평가) 시 전력화지원요소에 대한 중요성을 간과하고 고려치 못한 경우와 담당자에 따라 적용범위가 달라진 것을 볼 수 있었다. 그러한 방법적용상의 차이 발생을 방지하기 위해서도 시험평가 시 적용해야 할 요건이 제시되어야 한다. 시험평가의 경우 전력화지원요소의 기술적 입증 및 실용성 확증의 요건을 정의하자면 〈표 4-4〉와 같다.

〈표 4-4〉 전력화지원요소의 기술적 입증/실용성 확증 요건

| 기술적 입증 | 실용성 확증 |
|---|---|
| 1. 전투발전지원요소 시험<br>　가. 군사교리: 운용개념<br>　나. 부대편성: 병력 증감소요 판단 주장비 관련 운용·정비관련 인원의 편제(안) 적용가능성<br>　다. 교육훈련: 교육훈련 소요의 적절성(시험평가요원, 초도배치교육, 교관 및 조교교육, 정비요원교육 등), 교육훈련보조재료 소요검토 원격교육시스템 기술 구현 가능 여부<br>　라. 무기체계 간 상호운영을 위해 필요한 하드웨어·소프트웨어의 적절성<br>2. 종합군수지원 시험<br>　가. 정비대상품목의 정비성 및 정비대상 품목별 소요인시<br>　나. 정비개념 및 정비계단구분 적절성<br>　다. 정비빈도 및 소요수리시간, 기술특기별 인원수 및 인시 판단<br>　라. 정비할당표<br>　마. 보급지원 및 군수지원교육 소요<br>　바. 지원장비, 시험장비, 특수공구, 부대 및 야전 일반 공구와의 호환성<br>　사. 정비 및 보급시설 소요<br>　아. 기술교범 초안에 대한 검증·국방규격 준수 여부 및 IETM 적용 여부 | 1. 전투발전지원요소 시험<br>　가. 군사교리: 운용개념, 관련 교리문헌 전술적 운용의 적합성(임무·장비의 특성고려) 신규 장비에 대한 교리적용 가능 여부·교범, 교육회장 제작 여부, 신교리의 기존교리 충족 여부<br>　나. 부대편성: 편성제대별 임무 및 기능적절성, 운용개념에 적합한 인원 및 장비편성의 적절성<br>　다. 교육훈련: 교육훈련 소요, 학교 교육계획·부대훈련의 적절성, 원격 교육 시스템의 운용여건, 교육지원 장비 및 시설의 적절성(교육장비, 교보재, 지원시설)<br>2. 종합군수지원요소 시험<br>　가. 정비개요<br>　나. 정비임무: 정비 시기, 정비계단, 정비빈도 및 정비소요시간, 기술특기 및 인원수·인시<br>　다. 정비할당표 초안: 품목별 정비업무 및 수행계단, 정비계단별 연간 평균인시, 정비업무수행에 필요한 지원 장비와 공구<br>　라. 기술특기 및 인원소요: 기술특기별 수행업무 및 업무빈도, 기술특기별 평가 및 소요 인원수<br>　마. 기본불출품목·동시조달 수리부속·탄약·유류 등 보급지원소요<br>　바. 군수지원교육, 정비 및 보급시설 소요<br>　사. 포장, 취급, 저장 및 수송제원<br>　아. 기술교범 초안, 수리부속 및 특수공구 목록<br>　자. 기타 전력소요제기서의 종합군수지원 사항에 포함된 내용 |

전력화지원요소에 대한 입증시험(개발시험평가) 및 확증시험(운용시험평가) 시 위의 항목과 같은 요건에 대해 시험평가를 실시하여 제안된 요건에 대하여 충족 여부를 판단해야 하며, 시험평가 요건에 대해 국방전력발전업무규정 및 방위력개선사업관리규정에 반영하여 입증시험(개발시험평가) 및 확증시험(운용시험평가) 시 결과가 산출될 수 있도록 여건을 조성해야 한다.


## 제2절 관련 문서 및 조직 측면


### 1. 관련 문서 측면


#### 가. 전력화지원요소 관련 소요제기 문서

국방부본부, 합참, 각 군 및 국직기관에 의해 작성되는 문서인 장기 신규전력소요제기서는 개념연구 및 탐색개발의 근거가 되고 중기 전력소요제기서는 체계개발의 근거가 되는 문서다. 중·장기 소요제기서의 형식을 보면 두 문서 모두 그 내용이나 형태가 대동소이하다. 미래 전장을 고려하여 신기술 및 신개념에 적합한 교리, 편성, 교육훈련 발전이 추구되어야 하는데 전력화지원요소에 대한 개괄적인 소요제기로는 주 장비의 효율적인 능력 발휘가 제한될 수밖에 없다. 장기 신규소요제기문서에 주 장비와 전력화지원요소의 목표 달성 가능한 요건인지를 검토하기 위해 전략 환경 변화 및 과학기술의 발달을 고려한 전투실험 및 기술시범결과를 첨부하여 소요제기와 획득관리의 연계성을 최대한 살려야 한다.

 현재 국방전력업무발전규정상에는 장기 신규전력 소요제기서에 전력화지원요소에 대한 소요제기 내용을 개략적인 내용으로 작성토록 하고 있어 차후 중기 전력소요제기서 작성 시 이를 기반으로 세부적으로 작성토록 하고 있다.

 장기 신규전력 소요제기서의 전력화지원요소 부분을 개략적으로 작성하다 보면 업무가 숙달된 인력이 인수하여 업무를 수행할 경우에는 쉽게 접근할 수 있으나 그렇지 못한 인력은 처음부터 다시 시작하는 오류를 범하고 또한 누락요소가 발생할 가능성이 내재하고 있다. 따라서 장기 신규전력 소요제기서의 내용도 중기전력 소요제기서와 동일한 내용을 유지하는 것이 효과적일 것으로 판단된다.

 중기 전력소요제기서는 체계개발동의서를 작성하는 데 기초가 되는 문서다. 장기 신규전력소요제기서와 마찬가지로 전력화지원요소는 어떤 것을 고려해야 하는지에 대해 규정 및 절차상에 명시되어 있지 않다. 이를 보완하기 위해 전투실험결과와 시차별 목표소요에 대해 장기 신규전력소요제기서에서 작성한 것보다 발전된 개념을 적용하여 작성하여 첨부해야 한다. 중기 전력소요제기서는 체계개발동의서의 근간을 이루는 문서이기 때문에 이 문서에 전력화지원요소의 체계 필수요건은 장기 신규전력소요제기서보다 구체적으로 명시되어야 한다. 중기 전력소요제기서 개선안은 〈표 4-5〉과 같다.

<표 4-5> 중기 전력소요제기서 개선안

| 현 행 | 개선안 |
|---|---|
| 1. 전력명 또는 무기체계명<br>2. 필요성<br>3. 편성 및 운영계획<br>4. 전력화 시기 · 소요량<br>5. 작전운용성능<br>6. 전력화지원요소: 교리, 편성, 교육<br>훈련 및 종합군수지원 소요<br>7. 부대기획<br>8. 비용 대 효과 분석<br>9. 기타 사항: 유사장비 현황 등<br>※첨부<br>자체 사전분석서 | 1. 전력명 또는 무기체계명<br>2. 필요성(정확성, 명확성, 달성 가능<br>성, 규칙성, 측정 가능성, 조직성,<br>결과지향성 포함)<br>3. 운영계획<br>4. 전력화 시기/소요량<br>5. 작전운용성능<br>6. 전력화지원요소<br>  가. 교리: 운용 · 정비교리 범위 설정<br>    (구체적인 운용교리, 정비계단<br>    비율, 전자식교범체계 적용 · 배<br>    포 시기 등)<br>  나. 편성: 구체적인 편성개념, 소요<br>    기준, 소요주특기 인원검토 등<br>  다. 교육훈련: 교육보조재료, 교육<br>    지원 장비의 개념 및 소요, 학<br>    교 · 부대 교육의 범위<br>  라. 종합군수지원<br>  ※시차별 목표 소요<br>7. 비용 대 효과 분석<br>8. 기타 참고사항<br>  ※첨부: 자체사전분석서, 비용분석서<br>  전투실험결과, 국내기술수준 평가서 |

## 나. 전력화지원요소 관련 시험평가 문서

현재 획득관리시스템에서 주 장비 및 전력화지원요소의 소요에 대한 검증을 실시할 수 있는 방법은 개발 및 운용시험평가라 할 수 있다. 개발 및 운용시험평가에서 사용되는 문서의 종류는 개발시험평가계획서, 개발시험평가결과보고서, 운용시험평가계획서, 운용시험평가결과보고서로 구분된다. 앞서 시험평가 관련 경험적 실 사례에서 확인하였지만 전력화지원요소 가운데 교리, 편성, 교육훈련에 대해서는 구체적인 기준이나 시험결과가 제시되어 있지 않다. 지금까지의 여건을 살펴보면 주 장비 위주의 획득사업이었기 때문에 전력화지원요소에 대해서는 시험평가 계획의 기준 제시가 어려운 실정이었다는 것을 알 수 있다.

시험평가계획서 및 결과 보고서에 전력화지원요소의 요건 및 결과가 보고되려면 방위력 개선관리 규정상에 대표 무기체계별 시험평가 기준에 대해 규정화가 필요하나 규정에 수록하는 것은 그 분량이 많기 때문에 제한된다. 또한 담당 실무자의 업무 범위를 규정화하다 보면 활동범위가 제한되므로 이 요건만큼은 반드시 시험평가해야 한다는 것을 강조하는 차원에서 전력화지원요소의 시험평가 기준을 정량화하여 담당자가 그 범위 안에서 무기체계에 대한 시험평가를 적용할 수 있도록 환경을 만들어 주는 것이 바람직하다. 즉 방위력개선 사업관리규정에 전력화지원요소에 대한 항목을 세분화하고 무기체계별 시험평가 기준은 각 군별로 시험평가 기준을 작성 및 교범화하여 소요제기 시 반드시 제시된 절차에 의거 소요를 작성하도록 강제 조건을 규정에 명시하여 사업이 진행되도록 해야 한다.

소요제기에서 제시되는 전력화지원요소의 기준 및 요건설정이 제대로 되어야 시험평가에서도 적용될 수 있다는 사실을 인지할 수 있으며 전력화지원요소에 대해 정확한 소요가 요구되었다면 개발 및 운용시험평가계획 및 결과 보고서에 전력화지원요소의 요건 충족 여부를 검증할 수 있는 것이다.

## 2. 조직 측면

### 가. 전력화지원요소 관련 소요제기 조직

주 장비와 전력화지원요소는 상호 연관성을 가진 체계다. 이러한 체계가 소요제기 시부터 적절한 책임과 권한에 의해 명백히 작성되지 못한다면 개발된 무기체계를 운용할 때 많은 문제점에 봉착할 수 있는 것이다. 그런 만큼 소요제기 관련 업무를 수행하는 조직은 그 역할이 대단히 중요할 것이다.

육군의 경우 전투발전단이 주관하여 비교적 활발한 가운데 전력화지원요소에 대한 개선방향 등을 지속적으로 창출하고 있으나 법적 근거가 미약하고 규정상 절차가 명시되어 있지 않아 제도적인 뒷받침이 제한되는 실정이다. 그리고 합참의 경우에는 비용에 대한 사전분석을 할 수 있는 조직은 구성돼 있으나 전투실험에 의한 과학적 기법을 적용하기 위한 조직이 활성화되지 못한 실정에 있다.

주 장비 및 전력화지원요소에 대한 의사결정은 업무 분야별 특수성이 있기 때문에 의사결정 시 전문적인 의견을 수렴하여 불확실성과 위험을 제거하고 신뢰성을 증진시키기 위한 조직체계가 필요하다. 지금까지의 의사결정은 책임 및 한계가 명시되지 않아 검토가 제한되고 통합개념 팀이 운용된 육군의 경우도 획득절차나 국방전력발전업무규정에 명시되지 않아 그 역할이 제한되는 실정이다. 이러한 문제점을 해결하기 위해서는 다음과 같은 사항이 요구된다.

첫째 합동전장 운영개념이 도출된 후에 각 군별 무기체계의 소요가 제시되고 소요가 결정되는 흐름을 유지해 왔으나 1997년 이후 합동전장 운영개념이 미제시되었고 각 군이 필요에 의한 소요제기를 실시해 왔다. 현재는 합참의 합동개념서[82]가 제시되고 소요제안 후 합동개념에 부합하는지 여부를 판단할 수 있는 조직이 편성돼 있으나 미비한 실정으로 조기에 인력보충 및 업무능력 향상으로 전투실험 여건을 보장해야 한다. 그러면 전력화지원요소뿐만 아니라 주 장비와 관련된 소요에 대한 정확성이 보장될 것이다.

전투실험에 의한 소요제기를 반드시 하도록 규정상에 명시해야 하며 무기체계에 대한 전투실험 및 분석을 할 수 있는 조직을 합참에 지상, 해상, 공중, C4I체계, 인사 및 군수, 기타 담당 등으로 전투실험 조직을 강화하여 국내 실정에 맞는 합동개념을 발전시켜 각 군별 소요제기된 무기체계 소요에 대해 합동전장환경 고려와 주 장비 및 전력화지원요소에 대한 검토결과를 소요결정할 때 활용하고 각 군의 전투실험을 조정·통제하는 역할을 수행하도록 해야 한다.

둘째 통합개념 팀은 강한 매트릭스 조직의 형태로 구성되어 특정사업별 사업관리자가 전문 인력을 소집하여 의사결정을 지원하는 역할을 해야 한다. 육군에서 시행하고 있는 통합개념 팀 개념의 범주 안에 두되 책임과 권한의 한계를 설정하여 전문적인 의사결정을 해야 한다. 또한 업무의 연계성을 위해 총책임자와 분야별 책임자는 사업이 종료될 때까지 임무수행이 지속될 수 있도록 하는 것이 바람직하다.

통합개념 팀 구성요원은 합참 전략기획본부, 육군본부 전력부, 전투발전단, 교육사(교리부, 교훈부), 병과학교 등으로 구성되며 필요시 민간 학계 전문가 및 방위산업체도 참여할 수 있다.

조직은 사업의 규모에 따라 확대 및 축소될 수 있도록 하고 구성원

---

82) 한국적 '합동전투발전 체계' 구축을 위해 '합동개념'의 역할을 정립하여 '전략개념' 구현을 위한 'How to Fight, Prepare' 제시, 합동개념의 핵심은 합동성·통합성·동시성 달성을 위한 'How to Operate' 제시하는 문서로 「합동군사전력서」의 부록으로 발간됨.

은 기획 및 획득관리 측면의 다양한 지식과 경험을 소유한 자로 편성할 필요가 있다.

<그림 4-1> 무기체계 획득 과정의 이상형 모델

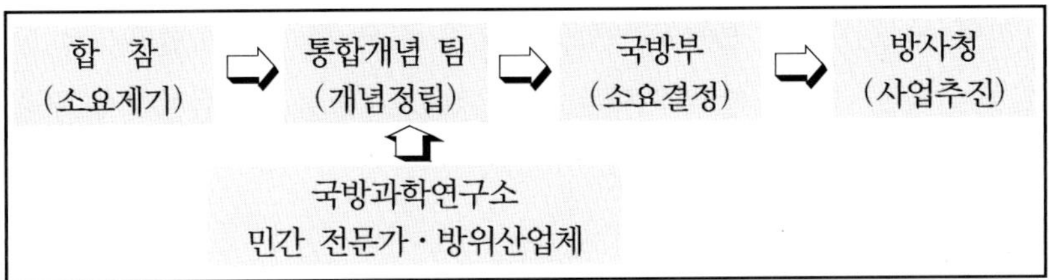


출처: 김종하, "무기체계 획득전략, 과정 그리고 조직구조의 개혁"(2005), p.4.

셋째 순환직 보직으로 전문성 확보가 제한되는 현상을 차단하기 위해서는 우수인력확보를 위한 대책을 강구해야 하는데 업무의 복잡성 및 어려움으로 기피하고 있는 현실을 감안한다면 정책적 배려를 통해 상위직책 진출의 기회를 부여해야 한다. 특히 국방대학교 또는 획득관련 전문 분야에 대한 교육이수자를 활용하는 방안이 적절하며 육군에서 운용하는 전문형 특기가 아니더라도 전문성 향상 기회를 부여하고 자격을 취득했을 때 그에 맞는 책임과 권한을 부여해야 하며 조직의 전문화를 갖추기 위해서는 보직 전 전문 양성기관에 의한 교육이 필수적이다. 또한 장기적으로는 획득관련 전문 인력을 양성하는 기관에 의한 교육과정의 개설이 요구된다.

## 나. 전력화지원요소 관련 시험평가 조직

소요제기 시 제안된 소요에 대해 개발 및 운용시험평가의 시기가 체계 개발 단계에서 시험평가가 이루어진다는 것은 위험을 안고 시제품 및 양산단계에 들어갈 수밖에 없는 실정이다. 이러한 현실을 감안하면 무기체계에 대한 시험평가 여건이 조성되지 못했다는 것을 유추할 수 있다.

우리의 실정에 맞는 주 장비 및 전력화지원요소 시험평가 관련 조직 개선안을 검토해 보면 다음과 같다.

첫째 주 장비 및 전력화지원요소 관련 기술 및 운용시험평가의 상호 연관성을 고려하기 위해서는 상호 정보의 공유 및 협력관계 구축이 요망된다.

통합시험 팀을 구성하여 개발시험평가결과로 얻어지는 정보를 운용시험평가에서 동시 활용과 하위부서와의 긴밀한 업무협조(시험평가 마스터플랜, 기술 및 운용시험평가 정보 공유 및 동시진행 등)를 할 수 있는 역할을 부여한다. 또한 소요제기 시 요구된 주 장비 및 전력화지원요소 관련 사항에 대해 선행연구 - 탐색개발 - 체계개발 전 단계에 참여하여 시험평가 관련 사항에 대해 선행연구부터 확인 평가하여 체계에 대한 위험을 줄여나가는 역할을 부여한다.

통합시험 팀 팀의 구성은 방위사업청이 관련기관들의 인원들을 구성하되 필요시 소요군의 협조를 받는다. 사업이 진행되는 동안 정보 및 의견교환을 주기적으로 교환하는 절차를 정례화해서 운용한다.

국내 획득관리 단계별 시험평가를 하기 위해서는 먼저 시뮬레이션에 의한 모델의 개발이 선행되어야 하는데 이는 실장비를 가지고 검증하고 판단하는 것이 아니고 설정된 개념이나 체계의 개발 과정을 시험평가하는 부분이므로 시뮬레이션에 의한 검증은 반드시 필요한 것이다. 시뮬레이션에 의한 전투실험은 소요제기에만 국한되는 것이 아니라 시험평가 나아가 획득 전 단계에 걸쳐 활용될 수 있는 기술이다.

둘째 주 장비 및 전력화지원요소 관련 시험평가 수행인원(시험체계 종합기술자, 시험 계측기술자, 자료처리, 및 분석기술자 그리고 시험기법 및 기술개발자)의 전문성 확보는 필수적인 상황이다. 또한 획득비가 천문학적으로 늘어나고 있는 것을 감안한다면 획득 조직에 근무하는 인원에 대한 배려는 필수적이며 동기 부여를 위한 대책 마련이 시급하다.

시험평가를 전문적으로 수행할 수 있는 인력의 확보를 위해서는 시험평가 관련 보직 전 사전 교육이 필요하며 사전교육은 획득관련 업무에 보직 시 자체적으로 실시하는 소양교육을 먼저 실시하여 임무를 수행할 수 있도록 하며 필히 국방대학교 내에 사업관리자 과정을 이수하도록 기회를 부여하고 장기적으로는 획득전문화 교육 과정의 설립이 요구된다.

## 제3절 관련 업무절차 측면

연구개발 사업은 소요제기 - 소요결정 - 선행연구 - 탐색개발 - 체계개발 - 양산 및 배치단계로 진행된다. 전력화지원요소의 요건들에 대해서는 소요제기에서부터 양산 및 배치단계까지 면밀히 고려되어야 한다.

국외도입 사업의 경우는 소요제기 - 시험평가 및 협상 - 기종결정 - 생산 및 구매의 절차를 거치게 되는데 소요제기 시 연구개발사업과 동일한 내용이 검토되어야 한다. 또한 주 장비 시험평가 시 전력화지원요소에 대한 시험평가를 실시하여 도입방법 및 기종결정 시 전력화지원요소에 대한 구체적인 확정이 이루어져야 한다.

국외도입의 경우 대부분이 운용하고 있는 완성품을 획득하는 경우인데 전력화지원요소 관련 자료도 동반 획득해야 되며 특히 기술도입생산의 경우 조립은 우리나라가 할 수 있을지라도 차후의 운용유지 문제는 면밀히 검토해야 한다.

# 1. 전력화지원요소 관련 소요제기 및 결정절차

## 가. 국방부 및 합참

현재 우리 군이 시행해 왔던 소요제기 절차 가운데 개선해야 할 점들을 살펴보면 신규 사업진행에 있어서 문서에 의한 소요제기 및 결정을 해 왔으며 소요제기 절차상에서 제도 미비로 인해 과학적 기법을 적용한 소요 판단이 제한되어 왔다. 이러한 제한 사항을 극복하기 위해서는 다음과 같은 사항이 요구된다.

첫째 어떤 거창한 전투실험모델에 의한 소요제기를 한다는 생각을 버려야 한다. 소요제기 절차상에서 전투실험을 하기 위한 환경은 국내 여건이 아직까지도 부족한 실정인 것이 사실이다.

전투실험관련 모델 가운데 획득 분야에 적용하기 위한 모델은 아직까지 부족하다. 이러한 현실을 감안한다면 기존의 훈련모델에 성능요소를 입력하여 무기체계 효과를 분석하고 분석된 자료를 잘 활용할 경우 교리의 발전, 편성의 발전을 충분히 가져올 수 있는 것이다.

둘째 과학적 기법을 적용하기 위한 기술적 여건이 성숙되면 전투실험과 더불어 기술시범을 병행하여 사업을 진행한다면 소요결정으로 인한 문제점 발생을 줄일 수 있다. 전투실험 및 기술시범에 의한 결과가 100% 맞는 것은 아니며 위험을 줄일 수 있는 최선의 대안을 찾아나가는 하나의 방법인 것이다. 따라서 전투실험은 신교리 또는 신조직의 대안 위주로 검토하고 기술시범은 우리가 가진 기술의 성숙도를 측정하여 사업의 방법이 어떤 방향에서 추진되어야 하는지를 검토하여 연구개발 또는 국외도입을 결정하고 기술시범을 통해 연구개발이 결정될 경우에는 탐색개발, 체계개발 단계 중 어느 단계에 진입할 수 있는지를 판단하는 데 사용해야 한다.

합참차원에서는 기술시범의 제도를 도입하여 국내 실정에 맞는 방법으로 개선해야 한다.

전투실험 및 기술시범의 수행방법의 내용은 다음과 같다.

합동전투수행실험은 합동차원의 최종적이고 대규모적인 실험으로 구성,[83] 가상[84] 및 실제[85] 시뮬레이션을 모두 또는 부분적으로 사용하여 합동군 차원에서 요구하는 능력을 확인하거나 검토하는 데 사용된다.

합동상호 운용성 시범은 새로운 기술과 합동상호 운용성 솔루션을 시범하는 것으로서 합동작전에 참여하는 모든 합참, 각 군, 기관에 제공하여 사용자가 전투수행 및 상호 운용성 측면에서 현재의 결점을 얼마나 해결하는가를 평가하고 새로운 구현방법이나 추가적인 개선을 제안하도록 유도하는 데 사용된다.

선행개념기술 시연은 합동상호 운용성 차원에서 합동군의 중요한 임무 요구에 부응하기 위해 성숙된 기술을 이용하여 새로운 무기체계 개념을 제시, 획득 절차를 간소화할 수 있는 시범을 적용하여 개발기간의 축소, 예산의 절감 및 위험을 감소시키고 신교리 및 조직을 검증하는 데 사용된다.

---

83) 구성시뮬레이션: 컴퓨터 모델, 워게임 모델, 전투 및 교전모델, 기타 모델로 구분.
84) 가상시뮬레이션: man-in-loop라고도 하며 시스템과 작동자를 통합모의 환경에서 연결해 준다. 즉 실제 장비에 대하여 작동자는 컴퓨터 시뮬레이션에 의해 모의되는 상황을 전시판을 보고 실제 장비를 제어 및 동작할 수 있도록 하며 작동자는 음향과 시각효과를 통해 보고 느끼고 행동할 수 있다.
85) 실시뮬레이션: 군에서 실제 실시하는 야지훈련, 지휘통제 훈련을 말하며 시간과 비용이 많이 든다.

합참은 무기체계의 소요제기(전력화지원요소 포함)에 대해 자체의 전투실험 및 분석체계를 구축하여 소요의 검증 및 조정과 합동소요 차원에서의 검증, 관리 및 소요제기할 능력을 배양해야 한다.

**〈그림 4-2〉 무기체계 소요제기 및 결정절차(안)**

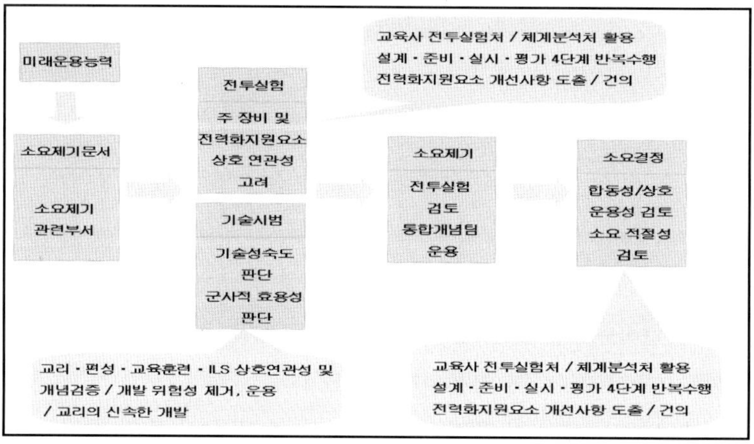

미래운용능력

소요제기문서

소요제기 관련부서

전투실험

주 장비 및 전력화지원요소 상호 연관성 고려

기술시범

기술성숙도 판단 군사적 효용성 판단

교육사 전투실험처 / 체계분석처 활용
설계 · 준비 · 실시 · 평가 4단계 반복수행
전력화지원요소 개선사항 도출 / 건의

소요제기

전투실험 검토 통합개념팀 운용

소요결정

합동성/상호 운용성 검토 소요 적절성 검토

교리 · 편성 · 교육훈련 · ILS 상호연관성 및
개념검증 / 개발 위험성 제거, 운용
/ 교리의 신속한 개발

교육사 전투실험처 / 체계분석처 활용
설계 · 준비 · 실시 · 평가 4단계 반복수행
전력화지원요소 개선사항 도출 / 건의

출처: 윤현석, "무기체계 전력화지원요소 업무 개선방안 연구", (2003), p.90.

이를 뒷받침하기 위한 규정의 개선소요는 국방전력발전업무규정의 신규 전력소요제기관련 내용에 전투실험, 통합개념 팀, 기술시범과 같은 내용을 규정화해야 한다.

## 나. 육 군

육군의 경우 주 장비와 전력화지원요소에 대한 소요제기에 전투실험을 적용한 지 6년이 지났다. 그러나 전투실험모델 확보 제한, 예산의 제한, 규정의 미비, 전문 인력 확보 제한으로 주 장비 및 전력화지원요소에 대한 충분한 검증이 이루어지지 못하고 있는 실정에 있다.

육군에서는 합참과는 다른 방향에서의 접근이 이루어져야 한다. 합참에서는 합동운용성을 검증하기 위한 전투실험 위주로 진행되어야 하지만 육군은 미래 전장운용 능력에 기초를 하여 육군에 필요한 무기체계소요에 대해 검증하고 유지해야 한다.

미래 전력 창출을 위한 소요제안부서로 전투발전단은 전투발전지원요소와 ILS 등 전력화지원요소를 통합 관리하는 부서다.[86] 장기소요(F+8∼F+17) 제안을 주 임무로 하기 때문에 소요제안서 자체가 개념적이고 개괄적일 수밖에 없다. 하지만 미래 지원체계 발전방향을 인식하고 이를 토대로 최대한 구체화 · 정량화시키며 초기단계부터 면밀히 검토하여 누락요소가 발생하지 않도록 반영해야 한다. 이러한 면에서 다음과 같이 몇 가지를 제안하고자 한다.

### 1) 운용형태요약 및 임무유형(OMS/MP)[87] 작성의 문제

운용형태요약 및 임무유형(OMS/MP)은 무기체계 신뢰도 향상을 위해 대단히 중요한 요소이며 그 첫걸음이다. 운용형태요약 및 임무유형(OMS/MP)은 RAM[88] 분석업무의 기초 자료를 제공하며 이를

---

86) 전력화지원요소는 무기체계가 전장에서 합동성, 완전성, 통합성을 달성할 수 있도록 지원하기 위한 교리 · 편성 · 교육훈련 · 종합군수지원 등 제반 지원요소로서 전투발전지원요소와 종합군수지원요소로 구분한다.
국방부, 「국방부 훈령 제793호, 국방전력발전업무규정」, (2006), p.205.

87) 운용형태요약 및 임무유형(OMS/MP: Operational Mode Summary/ Mission Profile)이란 체계 설계목표와 종합군수지원 요소개발의 기준이 되는 핵심문서로서 개발 무기체계가 미래 전장환경에서 '어떻게 운용되고 어떤 임무를 수행할 것인가?'를 임무분석과 전 · 평시 전투 시나리오 및 교육훈련소요에 의거, 운용/정비소요 제원을 정량화하여 제시한 문서.

88) 신뢰도(Reliability), 가용도(Availability), 정비도(Maintainability)의 약어로서 어떤 체계의 고장빈도, 정비업무량 및 전투준비태세 등을 측정하는 척도로서 활용한다.

토대로 군수지원분석[89](LSA)을 통해 ILS 요소를 산출해 내기 때문
이다.

　최근 운용형태요약 및 임무유형(OMS/MP) 작성 책임을 놓고 다
양한 의견들이 대두되고 있는데 이는 미군의 소요창출(Requirement
Generation) 절차는 보지 않고 운용형태요약 및 임무유형(OMS/MP)
그 자체만 놓고 판단하기 때문이다.

　참고로 미군의 소요창출 절차를 소개하면 다음의 〈그림 4-3〉과
같다.

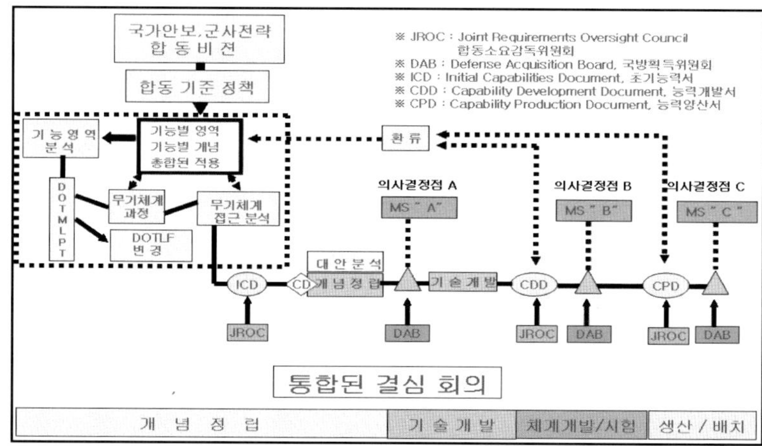

**〈그림 4-3〉 미군의 소요창출 절차**



출처: U.S. DODI 5000.1 『The Defense Acquisition System』(12. MAY. '03)

---

89) 군수지원분석(Logistics Support Analysis: LSA)이란 무기체계의 수명
　　주기 간에 걸쳐 군수지원요소를 확인, 분석, 구체화하는 활동으로 획득
　　단계별로 주 장비의 지원체계를 결정하는데 필요한 정보를 제공하며, 해
　　당 무기체계의 운영유지비용을 최적화시키는 동시에 무기체계 운용 시
　　지속적인 군수지원이 이루어질 수 있도록 보장하는 종합군수지원 업무
　　의 실체적인 활동이다.

미군의 경우 운용형태요약 및 임무유형(OMS/MP)은 능력개발서 (CDD)의 부록으로 작성되는 문서다. 즉 개념에 의해 소요가 창출되어 초기능력서(ICD)로 소요제기한 후 합참에서 소요로 결정된 후 운용형태요약 및 임무유형(OMS/MP)을 작성하는 것이다. 우리가 혼동하고 있는 부분이 바로 이 부분, 즉 운용형태요약 및 임무유형(OMS/MP)을 소요제기 단계에서부터 작성해야 한다는 것이다. 하지만 어떤 무기체계가 소요제기되었을 경우 이것이 소요로 결정되고 무기체계로 개발되기 전까지는 그 무기체계의 운영개념·필요성·ROC 정도만 필요한 것이지 운용형태요약 및 임무유형(OMS/MP)은 노력의 낭비만을 초래할 뿐이다. 운용형태요약 및 임무유형(OMS/MP)은 실제로 무기체계 개발 단계에서 신뢰도 향상을 위해 필요한 요소이기 때문이다. 다시 말해서 운용형태요약 및 임무유형(OMS/MP) 자체가 RAM 분석, LSA 및 ILS 요소 개발의 기초 자료로 활용되는데 무기체계가 소요로 결정되지 않았다면 그 자체가 무의미할 수도 있기 때문이다.

따라서 운용형태요약 및 임무유형(OMS/MP)의 작성은 소요결정 후 선행연구 단계에서 개발기관의 주도하에 작성하는 것이 바람직하며 이때 개념 팀, 소요제안 팀 등 다양한 부서를 융통성 있게 IPT에 편성하여 활용한다면 효율적으로 수행될 수 있으리라 판단된다. 단 소요제안부서에서는 기존의 유사무기체계 및 History data를 토대로 운용 및 정비소요와 목표 운용가용도(Ao)를 최대한 정량화하여 제시하고 이후 선행연구 및 체계개발 단계에 동참하여 이를 최신화하는 것이 중요하다. 이에 따라 운용형태요약 및 임무유형(OMS/MP) 작성 시기와 절차를 다음의 〈그림 4-4〉와 같이 제안하는 바이다.

### 〈그림 4-4〉 OMS/MP 작성 시기 및 절차

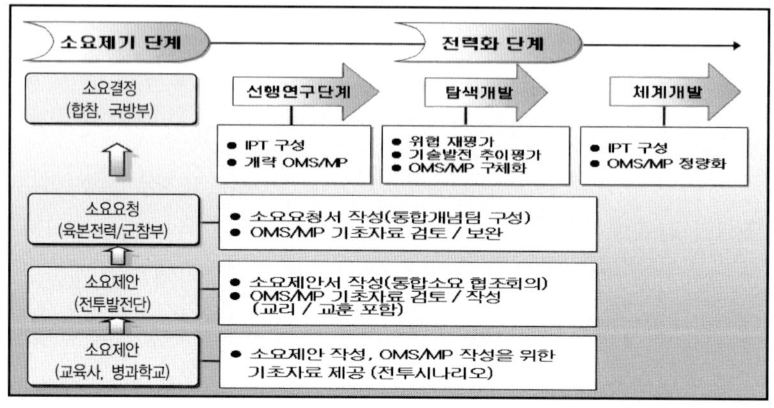


## 2) 전력화지원요소 통합소요관리체계 구축

현재 우리 군의 업무환경에서 시급히 개선해야 할 사항은 '정보의 공유, 소위 지식공유(Knowledge Shaving)' 문제다. 향후 무기체계는 합동성·완전성·통합성을 발휘할 수 있도록 개발되어야 하나 군과 군, 군 내에서도 각 무기체계 범주별로 전혀 정보의 공유가 이루어지지 않아 개별 무기체계만을 고려하여 성능위주로 개발되고 있는 실정이다. 이에 따라 중복개발로 인한 예산낭비 요인이 상존하고 있고 무기체계별 호환성·연동성·표준화 등이 미흡한 실정이다.

예를 들면 시험장비의 개발에 있어서 성능이 유사한 엔진 종합시험기 개발로 예산소요가 급증하고 대부분 무기체계별 공통 활용이 불가한 형태로 개발하여 적용이 곤란한 실정이다. 또한 공구의 단위가 통일되지 않은 채 밀리와 인치로 개발하여 상호적용이 곤란하여 다양한 공구셋을 보유해야 하는 부담을 가지고 있다. 따라서 소요제안부서에서는 기개발된 무기체계는 물론 향후 개발될 무기체계 등을 망라하여 기능·무기체계 범주와 상관없이 전반적인 로드맵을 작성하고 이 가운데 호환성·표준화·통합성을 달성할 수 있는 요인을 식별하여 소요에 반영해야 한다. 특히 전력화 지원분야는 시험 및 정비장비, 공구, 수리부속 등 조금만 신경 쓰고 정보를 공유하면 표준화 및 호환성을 달성할 수 있는 요소가 많기 때문에 예하 제대부터 '기능별 벽을 허무는 작업'과 마인드가 구축되어야 할 것이다.

전력화지원요소 통합소요관리체계 구축을 위한 발전방안[90]을 부록에 제시하였다.

### 3) 전력화지원요소 소요제안 점검표[91]

야전배치 장비의 실태를 확인해 보면 어떤 이유에서건 무기체계가 성능을 제대로 발휘하는 데 절대적으로 필요한 지원요소들이 가끔 누락된 것을 확인해 볼 수 있다. 주요 사례를 살펴보면 교리 측면에서 정비인력은 중대까지 인가되었으나 정비활동에 필요한 기술교범은 대대단위로 인가하여 필요시 대여사용 등 불편하여 정비 간 활용이 제한되며, 훈련 및 평가 지침서 지연발간으로 야전 전술훈련평가가 제한된 사례가 있다. 교육훈련에서는 교육용 완성장비가 학교기관에 배치가 지연되어 야전정비인력을 양성하는 데 제한되었으며 실물교보재의 지연보급 및 일부 누락된 상태로 보급되어 정비교육이 불편을 초래했다. 종합군수지원요소는 장비의 고장진단을 위한 시험장비 부족으로

---

90) 부록#1의 전력화지원요소 통합관리체계 내용은 본 작성자가 근무하는 전투발전단 전력화 지원관리과에서 업무추진 간 2006년에 과원들의 무기체계 소요제안을 연구수행 시 문제점을 해결하고자 토의를 통하여 작성된 내용임.

91) 전력화 자원요소 소요제안 점검표는 본 작성자가 근무하는 전투발전단 전력화 지원관리과에서 야전실사를 통한 무기체계 소요제안을 연구수행 시 문제점을 해결하고자 2006년에 토의를 통하여 작성된 내용으로 현재도 소요제안 시 체크리스트로 활용 중에 있음.

정비를 지원과 정비인력의 편제반영 누락 및 부족 등으로 정비업무를 수행하는데 야전에서는 어려움을 가지고 있으며, 정비시설 소요 예측 미흡으로 정비공간 협소 및 효율성 저하로 정비에 불편을 경험했다.

따라서 구체적인 사례를 일일이 열거를 하지 않더라도 모두가 공감할 수 있으리라 판단된다. 이유야 어떻든 이는 소요제안 부서에서 확인을 제대로 하지 않은 책임을 전가할 수 없는 것이며 이를 위해서는 야전의 운영실태, 전력화 평가·시험평가 등에 따른 추가 조치사항들을 면밀히 확인하여 그런 현상이 반복하여 발생하지 않도록 하는 것이 중요하다. 하지만 전력화 평가나 시험평가 결과들이 소요제안 부서에 피드백될 수 있는 제도적 장치가 구축되어 있지 않은 관계로 발생된 문제점을 확인하고 이를 개선하는 데 많은 어려움이 있다.

따라서 각 부서별 업무의 연계성을 다시 한번 정립해 볼 필요가 있으며 각 획득단계별로 연결고리 형태의 업무체계와 영역을 구축하여 사업의 연관성·일관성을 유지함과 동시에 이를 환류시킬 수 있는 제도적 장치를 마련해야 한다. 또한 소요제기 부서에서는 이를 토대로 상세한 〈표 4-6〉 점검표를 참고하여 작성하고 지속적으로 최신화하며 소요제안 전 야전에 배치된 무기체계의 운영 실태를 실사하여 누락요소가 발생하지 않도록 적극 노력해야 할 것이다.

〈표 4-6〉 전력화지원요소 핵심 점검표

| 구 분 | 요  소 | 포함내용 |
|---|---|---|
| 공 통 | 운용개념 | 무기체계 운용개념 연구 및 전력화 지원 영향요소 종합판단<br>-미래안보환경, 미래전 양상, 무기체계 운용개념 등 |
| | | 타 무기체계와 통합성, 연동성, 호환성 고려 |
| | | 미래 기술발전요소(첨단기술) 반영 및 전력화 지원요소 영향요소 고려 |

| 구 분 | 요 소 | | 포함내용 |
|---|---|---|---|
| 교 리 | 교리개발 | | 합동교리 및 타 교리와 수직·수평적 연계성 |
| | | | 운용·기술교리의 보완 및 신규개발 소요 |
| | | | 개발무기체계 특성 및 신기술 적용에 따른 새로운 교리연구 발전소요 |
| | | | 배포 시기(초안, 정식교범), 발간계획 |
| | | | 교육회장, 훈련 및 평가지침서 등 동시개발 소요 |
| | | | 교리개발을 위한 예산 편성 소요 판단 및 반영 |
| | 교범인가 | | 기술교범 인가기준의 적절성<br>-정비인력 인가제대 고려한 교범인가<br>-상위정비제대에 하위제대 운용/정비교범인가 |
| | 교범계약 | | 계약 특수조건 확인<br>(개발형태, CD 최신화 등) |
| | 보급<br>(납품) | | 보급(업체직납 시) 시 계약준수<br>(납품기간, 수량, 특수 조건 등) 확인 인수 |
| 편 성 | 운용/정비인력 | | 장비운용부대, 군수부대(정비, 보급부대) 적정 편성 |
| | | | 신규 특기(특기별, 계급별) 및 인력소요 (운용, 정비) |
| | 정비시설 | | 장비배치 증가에 따른 정비지원시설, 부대편성조정 소요 |
| | | | 부대 증창설·해체·감편소요 |
| 교육<br>훈련 | 양성<br>교육 | 야 전 | 부대훈련 소요판단 및 반영 |
| | | | 집체교육 등 반영 |
| | | 학 교 | 병과교 양성 및 보수교육 반영<br>-과정별 교육 신규 편성 및 보완 |
| | 초도<br>배치<br>교육 | 운용자<br>교육 | 운용병 교육(인원, 기간, 장소 등) |
| | | 정비교육 | 부대~창정비요원 교육<br>(인원, 기간, 장소 등) |
| | | 교관교육 | 간부교육(교관, 조교 등) |
| | | 해외교육 | 정비/교관요원 교육비 |

| 구 분 | 요 소 | 포함내용 |
|---|---|---|
| 교육<br>훈련 | 기 타 | 시험/지원장비 사용절차 교육 등 포함 반영 |
| | 교육훈련<br>물자 | · 제대별(운용/정비부대, 학교 등) 교육장비 및 교보재 소요판단<br>- 실물장비, 모형(mock-up), 모의장비(simulator) |
| | | · 제대별(운용/정비부대, 학교 등)<br>  교육훈련 보조재료 개발<br>- 교안, 교재, CBT, 시청각 교보재 등 |
| | | · 학교(병과교, 종군교 등) 교육용 주 장비/ 부수기재 소요<br>- 과정별 교육편성 장비 전망 고려 |
| | | · 교육훈련용 탄약/유류 소요 반영<br>- 교탄, 유류에 대한 소요판단 및 인가반영 |
| | | · 교육훈련자재 소요판단 및 인가반영<br>- 활성탄, 축사탄, 연습탄, 활성교보재 사격자재, 일반물자 등 |
| | 교육훈련<br>예산 | · 교육훈련비, 교육장비 획득 유지비, 재료비 소요 반영<br>- 교육훈련 연구 활동비<br>- 정비/교관요원 교육비<br>- 교육용 장비획득 유지예산 |
| 종합<br>군수<br>지원<br>(ILS | 정비환경/<br>정비개념 | · 무기체계 발전추세, 진부화 정도에 따른 정비여건 분석 및 정비능력구축 대안 판단 |
| | | · 작전환경에 따른 정비지원체제의 발전 및<br>  한계 극복대안 |
| | | · 정비정책 발전방향 등 정비지원체계 변화요인 고려<br>① 미래 군 구조개혁에 따른 정비지원체계, 부대구조 반영<br>② 무기체계별 정비정책 변경 고려<br>③ 통합 군수지원태세발전<br>   (첨단 정보화 기능 활용/구축) 고려<br>④ 전 방향 즉응 군수지원태세<br>   (다기능 통합정비지원 등) 고려<br>⑤ 우수군수전문요원 획득<br>   (전문화 군수교육 체계 등) 고려 |

| 구　분 | 요　소 | 포함내용 |
|---|---|---|
| 종합<br>군수<br>지원<br>(ILS) | 정비환경/<br>정비개념 | ·전자전 장비의 세대교체에 따른 정비환경 변화 고려한 대안 |
| | | ·현 운용장비의 활용 가능성 분석 및 향후 유지, 도태계획 고려<br>-전·후방부대별 장비 노후/진부화 계획<br>-신규 장비배치 시 현용장비의 전환 및 동류전용 운용 계획 |
| | 운용/<br>정비소요 | ·유사장비 야전운용제원 자료수집 분석 소요제안 시 활용<br>-운용소요: 연간 운용일수(부대훈련+개인훈련), 연간운용시간, 연간운용발수, 연간운용 거리 등 판단 적용<br>* 3~5년간 축적자료 분석, 활용<br>-정비소요: 총 정비시간(고장 간 정비시간+예방정비) 행정/군수지연시간, 연간 총 고장 횟수 파악적용<br>※ 부대훈련계획, 훈련/평가지침서, 편성·기술 및 군수제원 정비기록부, A/S지원실적, 예방정비 계획표, 보급/정비관리 분석자료 등 수집, 분석 활용 |
| | | ·유사장비 운용요구능력서 연구 자료 획득 활용<br>-기 작성된 미군의 운용요구능력서 자료 획득 유사 제원 값 도출 제시하여 참고 활용<br>-한국군 유사장비 운용요구능력서 연구자료 획득 활용 |
| | | ·운용소요는 할당 및 예측 값으로서 각 단계별로 최신화 |
| | | ·단계화/최신화는 소요제안, 소요결정 후 장기에서 중기 전력, LOA작성 등이며, 연구/탐색개발단계에서 구체화 |
| | 연구 및<br>설계반영 | · 유사무기체계의 연구 및 설계반영 미흡에 따른 재발 방지 |
| | | · 주 장비 설계 시 군수지원의 용이성, 지속성 및 운용유지비 최소화 대책 반영 |
| | | · 군수지원 요소별 상충요소 식별, 해소대책 요구 |

| 구  분 | 요  소 | 포함내용 |
|---|---|---|
| 종합<br>군수<br>지원<br>(ILS) | 연구 및<br>설계반영 | • 군수운영 측면에서 야전부대(군수사, 군지사, 야전부대) 설계 요구사항 의견수렴, 반영 |
| | | • 전략상 독자적 군수지원 능력을 확보해야 할 분야 고려 |
| | | • 차기세대에 지속적으로 발전시켜야 할 관련 장비분야 제시, 향후 발전 도모 |
| | | • 현용장비 관리유지체제 구축에 파급효과를 가져오는 분야 예측 후 대안 고려 |
| | | • 장기적인 군수지원 발전목표에 중점을 두고 전력화 후 ILS관련 문제 최소화에 관점을 맞춰 반영 |
| | | • 인간 공학적 요소를 설계에 반영 |
| | 표준화<br>및 호환성 | • 개발무기체계의 특성을 고려한 표준 및 호환성 측면 유사체계 선정 |
| | | • 유사체계의 군수지원 관련목록 수집/제시 표준화 및 호환 설계판단, 반영(국과연, 업체, 군수사) |
| | | • 재활용 및 추가 개발 군수자원 식별 후 활용 및 개발 요구 |
| | | • 추가 개발 소요군수자원에 대한 규격 제시, 개발에 활용 |
| | | • 군수지원 소요를 최소화할 수 있도록 표준서에 의거 개발<br>– 수리부속, 탄약, 유류, 취급장비, 지원장비 등 |
| | | • 배치운용 장비와의 잠재적 표준화, 호환성이 유지되도록 설계<br>* 표준화 및 호환성을 강조, ILS요소의 진부화를 초래 금지 |
| | 정비계획 | • 현행 정비방침을 기초로 신규 장비가 배치될 시 정비방침, 정비계획 수립 |
| | | • 대상 무기체계의 체계, 구성품, 부품단위의 정비계단 검토 및 설정 |
| | | • 소요제안 시는 부대 – 야전 – 창으로 구분하여 장차 정비계획을 제기하며 개발과정에서 정비계단별 수행기능 및 책임 구체화 |

| 구    분 | 요    소 | 포함내용 |
|---|---|---|
| 종합<br>군수<br>지원<br>(ILS) | 정비계획 | • 계단별 정비허용시간은 정비 지침 및 교리에 의거 작성<br>• 사후관리(A/S) 운영계획 검토 및 요구<br>• 시스템 개발기간에 정비계획, 정비개념 개발<br>• 군수지원분석 S/W를 이용한 정비업무량 추정 및 분석<br>• 정비 대충장비(M/F)소요 및 운용책임 명시 |
| | 지원장비 | • 지원장비 대상품목별 소요식별 및 검토 후 호환 활용/개발 요구<br>① 일반공구 및 특수공구<br>② 시험/측정/검사장비<br>③ 정밀 측정장비, 계측기 및 교정장비<br>④ 정비, 보급, 수송, 근무활동에 소요되는 취급장비(구난차, 크레인, 물자취급장비 등)<br>⑤ 주 장비 운용에 소요되는 보조장비<br>(발전기, 냉·난방기, 특수천막 등)<br>⑥ 유류 및 탄약지원을 위한 장비 등<br>※ 가능한 한 정량적 소요를 판단, 반영<br>(지원/시험장비 연간 사용 고려 등)<br>• 유사체계의 지원/시험장비 등 목록(군수사)을 수집 분석하여 활용, 개선, 추가개발 등 판단, 반영<br>• 자기진단기능을 개발 적용하여 고장 확인, 고장 부위 지정 및 검사, 정비지시 기능 포함요구<br>• 야전정비용 시험장비는 자동 시험장비를 개발하고 정비용 샵벤(Shop Van)에 탑재 운용 가능토록 요구<br>• 제대별 정비부대 구조에 따른 이동·입고 정비의 효율성·경제성 등을 동시 고려하여 개발, 보급<br>• 공구는 편제장비의 공구를 최대한 활용하고 특수공구는 개발 억제하여 품목 통제<br>※ 무기체계 유사기능을 통합하여 지원할 수 있도록 개발·획득하되 진부화를 고려하여 개선품(정비효율성 고려) 반영 |

| 구 분 | 요 소 | 포함내용 |
|---|---|---|
| 종합<br>군수<br>지원<br>(ILS) | 보급지원 | • 전력화 시기의 발전된 보급체계 및  절차 적용 |
| | | • 유사체계의 정비 및 보급지원 책임 기능 준용 검토 |
| | | • 동시조달 수리부속(CSP) 적정 소요산출, 획득요구 |
| | | • 소모성, 주기성 품목 보급기준 검토 및 확보소요 반영 |
| | | • '전장피해평가 및 복구(BDAR)' 수리부속품/자재소요 포함, 제기 |
| | | • BII는 유사체계 분석 후 예측소요 반영 후 체계 개발 시 보완하여 확정 개발 |
| | | • 탄약, 유류 소요는 편성·기술 및 군수제원 및 관련인가/보급지침에 의거 판단 반영<br>(FM101-10-1-2) |
| | | • 가능한 한 보급품목의 단순화 요구 |
| | | • 보급지원 인원/시설의 추가 소요 여부 검토 제기 |
| | | • LSA 및 수리수준 분석으로 수요빈도 및 MTBF 값 적용 |
| | 군수인력<br>운용 | • 가능한 한 현 주특기 재활용 및 현 주특기 구조에 의한 표준화 |
| | | • 야전정비 인력에 대한 보충 및 신규주특기 인력소요 |
| | | • 특수기술 및 위험한 기술에 대한 인력소요 판단 |
| | | • 유사체계의 인력자료, 소요 판단 시 활용 |
| | | • 신규 주특기 필요시 주특기의 자격요건 규정<br>- 자격증 급수, 신체적 특성, 적성 등 여건 지정 |
| | 군수지원<br>교육 | • 군수지원(보급, 정비, 수송 등) 교육용장비 및 교육보조재료 주 장비와 동시 개발, 획득 소요 반영(야전, 학교 등) |
| | | • 훈련모의기 소요판단 및 개발 요구 |
| | | • 군수 교육훈련 관련 S/W 소요판단 및 개발 요구 |
| | | • 군수교육훈련비 소요 검토 및 반영<br>- 초도 교육훈련(교관, 정비요원) 여비 및 교관 지원비 등 |
| | | • 군수 교육계획 ILS-P 반영 및 초도배치 교육이전 교육계획 수정보완 및 반영/실시 |

| 구 분 | 요 소 | 포함내용 |
|---|---|---|
| 종합<br>군수<br>지원<br>(ILS) | 군수지원<br>교육 | • 군수분야 시험평가계획 수립 및 시험평가요원 교육계획 반영 요구 |
| | | • 군수요원(보급, 정비, 수송)<br>교육(초도배치 교육, 양성교육) 소요 반영 |
| | | ※ 전력화지원요소의 교육훈련요소 제기내용과 연계하여 요구 |
| | 기술교범 | • 기술교범 지침 개발 대상장비 검토 선정: 주 장비, 지원장비, 훈련장비, 수송 및 취급장비, 정비장비 등 필요성 검토(야전, 정책부서 등) |
| | | • 신규개발 및 주 장비 설계변경, 정비방침의 개정, 군수지원요소 변경에 따라 갱신 요구<br>① 정비교범 (기본형, 통합형)<br>② 보급교범<br>③ 전자식 기술교범(IETM)<br>④ 창정비 작업요구서, 창정비 검사기준서 |
| | | • 기술교범 통합(보급/정비, 계단)개발 필요성 검토 및 요구 |
| | | • 기술교범 인가기준표에 의거 장비 보유부대별 및 정비부대별교범 종류와 소요량 산출(예비량 5% 반영), 배포요구 |
| | | • 기술교범 국방규격서 기준에 의거 개발 요구 |
| | 정비 및<br>보급시설 | • 주 장비 정비에 필요한 정비계단별 정비시설 신규소요 반영 |
| | | • 기존시설 활용, 개선(증·개축) 소요판단, 반영 |
| | | • 정비환경, 저장환경, 특수시설에 대한 Layout제시 |
| | | • 기술 및 운용시험장 소요 / 반영 |
| | | • 시설의 기본 요구조건에 반영할 검토요구 및 특수시설 소요 포함 요구 |
| | | • 유사체계의 지원에 운용되고 있는 현 시설 자료를 수집하여 소요 무기체계의 시설 가용성 판단 자료로 활용 |

| 구 분 | 요 소 | 포함내용 |
|---|---|---|
| 종합<br>군수<br>지원<br>(ILS) | 정비 및<br>보급시설 | • 무기체계의 정비개념 및 장비 특성을 고려한 정비, 보급시설 형태/규모/요구조건 등 반영 |
| | | • 시설 보안/전술적 측면과 환경 보건적 요소를 망라하여 시설 개발 요구<br>※ 군사시설, 전술적 운용 및 건강, 위생시설, 수도/압축공기, 유압/하수도, 용수 설비, 온도/습도 설비 등 복합적 고려 |
| | 포장/취급<br>저장/수송 | • 재활용 가능한 포장용기를 개발토록 소요제기 |
| | | • 무게, 크기, 부피, 수송 등의 제한사항 고려 설계 및 지침 개발 |
| | | • 국내 표준규격서(KS), 국방 표준규격서 등에 의거 표준화설계 요구 |
| | | • 기존의 포장기법 및 자원의 가용성을 고려하여 효율적 개발 |
| | | • 취급제원, 저장건물, 공간, 보호방법, 취급장비 등 제 요소 반영 |
| | | • 특수 포장, 취급, 저장 및 수송 소요를 최소화하여 경제성, 효율성, 능률성 달성 |
| | | • 인력취급의 경우 인간공학적 적정치(단위 취급 총중량 한계: 25Kg) 반영하여 인력 취급 가능도 모(산업안전보건법 참조) |
| | | • 포장 소요는 내·외 포장 강도, 방부재 소요, 기타 보호성/편리성 보장 등을 고려하여 반영 |
| | | • 포장제원 및 절차는 각종 보급품의 개발과 동시 개발하고 시험평가 시 확인하여 실효성 입증 요구 |
| | 기술자료<br>관리 | • 최근 개발된 LOADERSⅡ를 사용하여 군수지원 분석 요구 |
| | | • 기초자료 개발결과 지속적 최신화 및 보고서(ILS -R, LSA-R) 성격으로 최종납품 시 포함하여 군 보급 요구 |

| 구 분 | 요 소 | 포함내용 |
|---|---|---|
| 종합<br>군수<br>지원<br>(ILS) | 기술자료<br>관리 | • 무기체계별 개발 단계별 군수관리 전산자료(S/W) 군 제공요구<br>① 군수지원분석(LSA), RAM분석, 수명주기 간 비용분석자료<br>② 국방 장비정비정보체계 전산자료<br>③ 표준제원철(RIZ)생성을 위한 품목별 전산자료<br>④ 전자식 기술교범(IETM)개발, 관리유지, 전산자료<br>⑤ 기타 전산자료 형태의 기술자료 묶음(TDP) 등 |
| | | • 동시조달 수리부속 산정 전산 입·출력자료(OASIS) 군 제공 요구 |
| | | • 기술자료 묶음(TDP) 군 제공 요구 및 활용<br>- 규격서, 도면, 수정작업 명령서, 주유명령서, 검사/시험 및 교정절차, 설치지시서, 점검표, 기타 각종 절차서 등 요구<br>- 생산, 시험, 운용, 정비, 비군사화 등에 활용 |

## 2. 전력화지원요소 관련 시험평가 절차

개발 및 운용시험평가에서 전력화지원요소의 시험평가 개선방안을 제시해 보면 다음과 같다.

첫째 소요제기 절차에 의거 전력화지원요소에 대해 소요제기가 이루어진다면 선행연구단계에서 전력화지원요소에 대한 개념연구 및 정의 부분이 제대로 이루어졌는가, 소요군의 요건이 이루어졌는가를 조기에 검증하기 위한 절차가 요망된다. 선행연구, 탐색개발, 체계개발 단계에서 소요가 제대로 반영될 수 있도록 개발절차에 시험평가 전문가가 참석하여 각 단계별로 시험평가가 이루어져서 의사결정자에게 정보를 제공하고 체계의 위험성을 조기에 발견하여 신뢰성을 증진시켜야 한다. 시험평가 전문가는 팀 편성으로 주 장비, 전투발전요소, 종합군수지원, 모의분석 전문가로 구분하여 구성되어야 한다. 단 시험평가 조기개입은 조직보강 및 과학적 기법의 도입이 전제되어야 하며 관련 자료들의 데이터베이스화가 구축된 후에 진행될 수 있을 것이다.

둘째 실시험 위주로 되어 있는 지금의 시험평가 방법을 모델링 및 시뮬레이션과 결합한 방법으로 전환할 필요가 있다. 시험장 확보의 제한, 기술의 발전으로 무기체계의 효과 등이 발전되어감에 따라 첨단화된 장비 및 전력화지원요소에 대한 개발 및 운용시험평가 시 실시험과 가상공간에서 검증할 수 있는 시험체계를 도입하여 교리, 편성 측면에 대해 타 체계와의 상호 운용성, 소요군의 요구사항이 실현 가능한지 여부를 판단해야 한다.

셋째 국외도입의 경우에는 해외에서 운용 중인 무기체계를 우리 군에 도입하는 것을 말하는데 연구개발의 경우도 마찬가지지만 주 장비에 대한 획득에 주로 관심을 두어 전력화지원요소에 대해 간과한 경우가 많이 발생하여 장비 운용유지가 제한되는 경우가 있었다. 예를 들어 우리 군에 맞도록 교리, 편성, 교육훈련, 종합군수지원의 여건 조성이 이루어져야 하는데 국외도입장비는 우리와는 신체 및 지식요구 조건이 다르다. 이러한 상황을 고려할 때 도입되는 무기체계를 운용하기 위한 우리 군의 지적 수준, 장비의 운용조건 등이 우리의 인적자원과 부합한지를 검증한 후에 도입하는 절차가 필요할 것이다. 이를 위해서는 자료에 의한 시험평가, 국내시험평가, 국외 시험평가로 구분되는 절차상에 반드시 우리 군의 실제 환경요소가 고려될 수 있도록 해야 할 것이다. 또한 국외도입의 경우에도 모델링 및 시뮬레이션과 같은 과학적 기법으로 산출된 자료를 데이터베이스로 관리하고 입력하여 판단하는 새로운 절차가 절실히 필요하다.

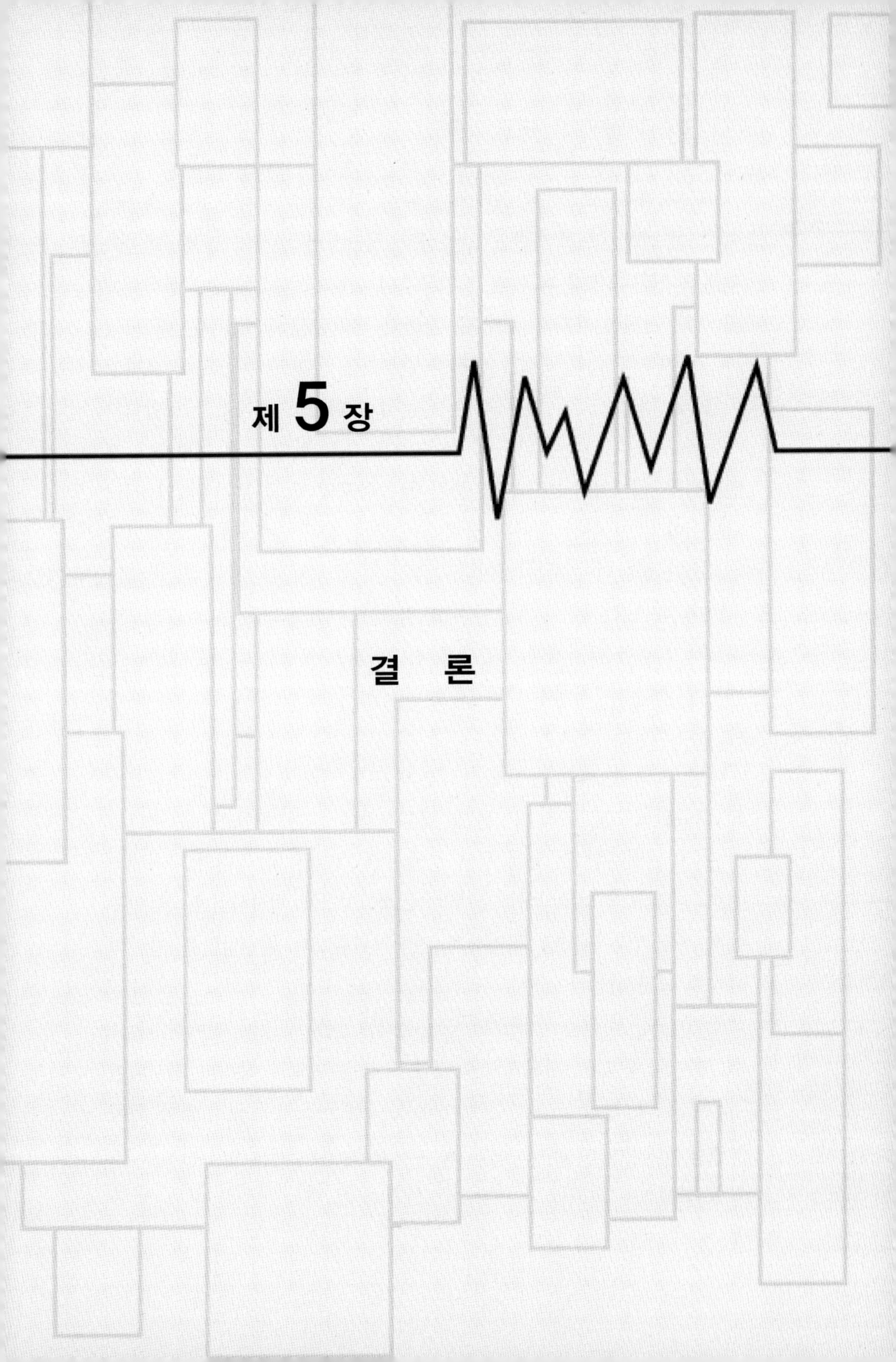

제 **5** 장

결　론

'육군전력구조혁신기본'(안)에는 단순 병력위주 부대구조를 축소하여 20여 개의 육군 사단을 감축하고 첨단장비 중심의 정보·과학화 부대로 전환하기 위해 야전 지휘구조의 단순화, 불요불급한 부대해체 및 부대 완전성 유지하 부대 수 감소와 병력절감 방안을 제시하고 있다. 즉 전투력 발휘 제대가 완전한 전투력을 발휘할 수 있도록 조직정비를 해 나감으로써 향후 우리 육군이 적더라도 제대로 기능발휘가 가능하도록 추진하는 것이 그 핵심이다. 이를 위해 미래 보병사단 개편시점과 연계하여 2010년대 중반에는 육군의 핵심 무기체계가 전력화되어야 하며 야전 배치된 장비가 충분히 전력 발휘되도록 전력화지원요소가 통합돼야 하는 것이다.

미래 핵심 전쟁수행 개념인 '네트워크 중심전'(NCW)을 효과적으로 수행하기 위한 무기체계는 갈수록 첨단화되고 복잡해져 가고 있다. 이 때문에 첨단무기체계에 대한 효율적인 정비소요가 더욱 요구될 수밖에 없다.

이런 맥락에서 본 연구에서는 우리 군의 무기체계 전력화지원요소의 획득관리규정, 조직 및 문서, 업무절차에 대한 개선소요를 판단하기 위해 관련문헌 및 규정 등을 분석하였고 미국 및 국내의 무기체계 전력화지원요소 업무실태를 분석하여 개선방안을 제시하였다. 본 연구에서 지금까지 제시한 무기체계 전력화지원요소 발전방안을 간략히 요약해 보면 다음과 같다.

첫째 규정 측면을 살펴보면 국방전력발전업무규정에 전력화지원요소 가운데 종합군수지원요소에 대한 요건은 비교적 상세히 명시되어 있으나 교리, 편성, 교육훈련에 대해서는 언급이 되어 있지 않아 획득사업을 추진하면서 교리, 편성 및 교육훈련 요소에 대해 간과되는 현상이 발생되고 있었다. 따라서 획득사업 추진 간 요구되는 교리, 편성,

교육훈련 분야의 요건, 연구개발 및 국외도입 시 고려사항 등을 국방전력발전업무규정에 명시하여 소요제기 및 시험평가 시 누락됨이 없이 고려될 수 있도록 소요제기 및 시험평가 규정 개선안을 제시하였다.

둘째 문서 및 조직 측면을 살펴보면 소요제기 및 시험평가 관련 문서내용 가운데 중·장기 전력소요제기서와 시험평가계획서 및 결과보고서의 전력화지원요소관련 항목은 군의 소요에 대해 개략적으로 작성 및 시험평가를 하는 것으로 되어 있어 전력화지원요소에 대한 고려가 미흡한 실정이었으며 조직 측면에서는 과학적 기법을 적용할 수 있는 여건(전문인력, 전투실험모델 등) 조성이 미흡한 실정이었다. 따라서 전력화지원요소의 소요제기 및 시험평가 항목을 문서상에 명시하도록 규정에 개선안을 제시하였으며 과학적 기법을 적용할 수 있는 여건을 조성하고 의견의 통합을 이룰 수 있는 통합개념 팀의 편성(안)과 우수인력 자원을 획득 및 활용하기 위한 방법을 제시하였다.

셋째 업무절차 측면을 살펴보면 주 장비 및 전력화지원요소에 대한 소요제기 및 결정절차와 소요를 검증하는 시험평가에서 과학적 기법의 적용절차가 미흡한 실정이었다. 따라서 소요제기 및 결정 절차상에 과학적 기법을 적용할 수 있도록 소요제기 및 결정절차(안), 전투실험 및 모의분석기법 등을 통해 소요제기 및 검증할 수 있는 방안을 제시하였다.

사실 무기체계 전력화지원요소는 별개의 요소가 아니라 주 장비 개발 시 병행되어 개발되고 발전되어야 할 핵심요소이다. 주 장비 및 전력화지원요소가 연관성을 가지고 상호능력을 발휘할 때 궁극적으로 무기체계의 전력화가 보장되기 때문이다.

본 연구의 핵심내용과 관련하여 좀 더 심층적으로 연구되어야 할 사항은 미래 핵심 전쟁수행 개념인 '네트워크 중심전'(NCW)의 유·

무인 전투체계가 상호 운용되는 전투개념에서 무인전투체계의 전력화
지원요소의 식별 및 적용개념이라 할 수 있다.

미국은 '네트워크 중심전'(NCW) 수행을 위해 미래전투체계(FCS)[92]
개념을 도입하여 적용하고 있다. 이러한 미래전투체계(FCS)의 정비는
모든 차량에서 통합적으로 사용이 가능한 고장의 예방점검 및 정비기
능을 구비하고 정비정보를 C4ISR에 연결하며 각종 전투조건이나 신
뢰도 기반으로 군수지원을 제공하는 개념이 포함된다. FCS는 하드웨
어 측면에서 70%의 공통성과 소프트웨어 측면에서 75%의 공통성을
목표로 하는 등 구성품의 공통화를 추구하여 현재 아주 많은 종류의
차량으로 발생하는 정비 및 지원 비용을 향후에는 획기적으로 감소시
키겠다는 내용도 포함된다. 따라서 최종 시스템의 목표는 신뢰성과 지
원성을 증대하며 군수지원의 유지비용과 시설을 획기적으로 감소시키

---

92) 미래전투체계(Future Combat System 이하 FCS) 사업은 DARPA와 미
    육군이 공동으로 미 육군의 비전으로 제시된 '목적군(the objective force)'
    을 달성함에 있어서 필요한 장비체계와 기술을 적시하는 것을 목적으로
    하고 있다. 목적군은 전면전에서부터 대테러 전쟁에 이르는 어떤 전장환
    경에서도 임무를 수행할 수 있도록, 전략적인 반응, 전개력, 신속성, 융통
    성, 치명성, 생존성 그리고 지속성이 보장될 수 있도록 무장되고 조직되
    어 통합된 시너지 효과를 달성할 수 있는 부대를 말한다. 이러한 목적군
    은 더욱 경량화되고 보다 더 효과적인 이동성(lighter and more mobile)
    으로 특징지어질 수 있다. '미 육군의 변혁(Army transformation)' 프로
    그램은 분쟁 발생지역에 여단급 규모의 부대는 96시간 이내에 사단급 규
    모의 부대는 120시간 이내에 그리고 5개 사단 규모의 부대는 30일 이내에
    전개시킬 수 있는 능력의 구비를 목표로 하고 있다. 따라서 FCS의 목표
    는 이러한 미 육군의 변혁 프로그램을 기술적으로 담보할 수 있는 장비체
    계의 구비라고 할 수 있다. 구체적으로 말하자면 개별 장비의 무게가 20
    톤 이내로 보다 경량화되고 보다 더 치명적 타격을 가할 수 있으며 전략
    적으로 전개가 가능하고 자족적이며 생존성(self-sustaining and suvivable)
    이 있어야 한다는 것이다.

며 차량의 내부데이터 및 자체 시스템을 이용한 내장훈련 및 정비를 수행하고 야전에서 정비의 용이성 및 정비성을 증대시키는 데 주력하며 최종적으로는 군수지원의 템포를 전투작전의 템포와 동일하게 유지하는 것이 목표이다. 특히 새로운 기술의 진입이 가능토록 단계별 블록을 정의하여 개방형 설계를 추진 중이며 특히 Block III에서는 무인화 비율을 많이 증대시킨다는 개념이다. 미국의 FCS 사업에서 추구하는 개념과 유사한 개념으로 전력화지원요소가 식별되고 발전될 것으로 판단된다.

미래의 무인전투체계는 단위차량이 아니라 전체 부대의 운용 도메인에서 임무장비를 제외한 90% 이상의 호환성을 유지하고 군수지원의 단계를 획기적으로 단순화함으로 전투의 템포와 지원 및 지원준비의 템포가 동일하도록 하며 경제적인 획득을 통하여 동일한 비용의 유인체계보다 플랫폼의 숫자를 증대하면서 전력을 증가하는 방향으로 추진될 것이다. 이럴 경우 인력의 절감이 이루어지지는 않지만 경제적인 측면과 전투효율을 고려하면 상대적으로 많은 절감이 발생될 것으로 예측된다.

결론적으로 미래의 무인전투체계의 개념정립은 전력화지원요소를 기반으로 경제성 및 전투력을 종합적으로 고려한 복합시스템(System of Systems)의 설계가 단위 무기체계가 아니라 전체 운용도메인 및 단위부대 이상에서 최적화되는 것이 가장 중요한 요소가 될 것으로 생각된다.

# 참고문헌

□ 국내자료

권용수, 민성기(2002), 「시스템엔지니어링 입문」(서울: 문원).
김유근(2002), "합동 전력소요기획 발전방안 연구", (서울: 합참대).
김종하(2005), "무기체계 획득전략, 과정 그리고 조직구조의 개혁".
박수현(2000), "미국의 시험평가와 우리의 차이점", (서울: 국방연구원).
서정해 외 2(2001), 「합동/국방차원의 전투실험과정을 포함한 새로운 군 소
　　　　요결정체계 정립」(서울: 국방연구원).
서정해 외 2(2002), 「정보화 과학화 시대에 적합한 우리 군의 소요결정체계
　　　　정립방안」(서울: 국방연구원).
신현인 외 1(2002), "모델링 및 시뮬레이션에 의한 시험평가", (서울: 국방연
　　　　구원).
윤현석(2003), "무기체계 전력화지원요소 업무 개선방안 연구".(서울: 국방대)
이목상(2002), 「전력화지원요소 판단」, 국방사업관리 종합체계과정 교재.
이희각(1999), 「전력소요결정과정」(서울: 무기체계 특화연구센터).
최상영(2005), "미래 NCW수행을 위한 미 합참의 합동운용아키텍처에 대한
　　　　고찰", 「국방대 교수논총」(제35집).
최성빈 외 2(1996), 「무기체계 개념형성연구 추진방안」(서울: 국방연구원).
탁일영(2002), "국방 소요제기 및 결정체계 발전방안 연구", (서울: 국방대).
국방부(2006), 「방위사업법」(법률 제7845호).
국방부(2006), 「방위사업 시행규칙」(국방부령 제598호).
국방부(2006), 「국방전력발전업무규정」, (국방부 훈령 제793호).
방위사업청(2006), 「방위력개선사업관리규정」(방위사업청 훈령 제13호).

합참(2003), 「미군의 소요결정체계 및 획득전략」, 전력부 세미나자료.
합참(2002), 「시험평가업무 실무참고서」.
육군본부(2006), 「육군전력발전업무규정」(육군규정 027).
육군본부(2006), 「정원관리 및 부대구조 발전규정」, (육군규정 301).
육군본부(2006), 「부대훈련규정」, (육군규정 315).
육군본부(2006), 「교리발전업무규정」(육군규정 385).
육군본부(2006), 「'06전력화 자원 업무발전 세미나」.
육군본부(2006), 「방위력개선직무교육」.
육군본부(2005), 「종합군수지원 실무지침서」.
교육사(2006), 「미래전력 창출을 위한 전투실험」.
교육사(2006), 「국방 M&S 교육자료」.
교육사(1999), "전투실험사업의 추진방향", 전투발전지 95호.
교육사(2002), "전투발전업무체계 발전방향", 보고서.
종합군수학교(2005), 「종합군수지원(보충교재)」.
종합군수학교(1992), 「군수사례집(보충교재)」.
국방대(2005), 「2005 국방사업관리Ⅲ 교재」.
국방대(2006), 「국방사업관리과정: 종합군수지원과정」.
기술품질원(1999), "신형1/4톤 트럭 기술시험평가 참여보고서".
기술품질원(2000), "국내개발 무인항공기 시험평가결과 보고서".


## ☐ 국외자료


Joint Warfighting Center, USJFCOM, Commander's Handbook, on an Effects
        -Based Approach to joint operations, draft version(Norfolk, VA: Joint
        Cencept Development and Experimentation Directorate, Forthcoming),
        Ⅲ-5.
Donna Lucchese(1998), The Relationship of Center of Gravity Analysis,
        Targeting for Effect, and Measuring Success(Carlisle Barracks, PA:
        U.S. Army War College).

Milan N. Vego(2006), "Effect-Based Operations:A critique", Joint Forces Quarterly, issue41.

Hank J. Devries(2004-2005), "performance-Based Logistics: Barriers and Enablers to Effective implementation", Defense Acquisition Review Journal, vol.1, No.3.

Office of Force Transformation(2005), 「The Implementation of Network-Centric Warfare」(Washington D.C.).

Anthony W. Faughn(2001), Interoperability: Is it Achievable(Draft), Center for Information Policy Research, Harvard University.

Theoder W. Galdi(2005), Revolution in military Affairs: Competing Concepts, Organizational Responses, Outstanding Issues(Washington, D.C.).

MARK D. LUMB(2004). DoD Business Transformation & The 5000 Series Regulation.

U.S DODI 5000.1(2003), 「The Defense Acquisition System」.

U.S DODI 5000.2(2003), 「Operation of the Defense Acquisition System」.

U.S CJCSI3170.01D(2004), 「JOINT CAPABILITIES INTEGRATION AND DEVELOPMENT SYSTEM」.

U.S CJCSM 3170.01A(2004), 「OPERATION OF THE JOINT CAPABILITIES INTEGRATION AND DEVELOPMENT SYSTEM」.

U.S. Army(1999), 「TRADOC Pamphlet 71-9」.

## □ 인트라넷/인터넷

http://portal.army.mil/시험평가단/시험평가업무 자료 참고, (2007. 4. 5.(목))

육군 교육사 전력부 전투실험처 홈페이지, "전투실험 절차", (2006. 4. 26)

http://www.dapa.go.kr/open_content/internet/html/atg/hi_atg_007)08.jsp (2006. 5. 11.)

http://www. fas.org/man/crs/95-1170htm(2007. 5. 11.)

| | |
|---|---|
| ABNSOTD | Airborne and Special Operations Test Directorate<br>공수 및 특수작전 시험처 |
| ADATD | Air Defense Artillery Test Directorate 방공포병 시험처 |
| AMDED | Air and Missile Defense Evaluation Directorate<br>공중 및 미사일 방어 평가처 |
| AEC | Army Evaluation Center 육군 평가센터 |
| AMC | Army Material Command 육군 물자사령부 |
| AMSCA | ATEC Mission Support Contracting Activity<br>육군시험평가사령부 임무지원계약기관 |
| AST | ATEC Systems Team 육군시험평가사령부 체계 팀 |
| ATC | Aberdeen Test Center 에버딘 시험센터 |
| ATEC | Army Test and Evaluation Command 육군 시험평가사령부 |
| ATTC | Aviation Technical Test Center 항공기술시험센터 |
| AVED | Aviation Evaluation Directorate 항공평가처 |
| AVTD | Aviation Test Directorate 항공시험처 |
| BCT | Brigade Combat Team 여단 전투 팀 |
| CAAF | Cairns Army Air Field Cairns 육군 비행장 |
| C3ED | Command, Control, and Communications Evaluation Directorate<br>지휘 · 통제 · 통신 평가처(C3평가처) |
| C4ISR | Command, Control, Communications, Computers, Inteligence, Surveillance Reconnaissance<br>지휘 · 통제 · 통신 · 컴퓨터 · 정보 · 감시 · 정찰 |

| | |
|---|---|
| C4TD | Command, Control, Communications, and Computers Test Directorate 지휘·통제·통신·컴퓨터 시험처(C4시험처) |
| CCED | Close Combat Evaluation Directorate 근접전투평가처 |
| CCTD | Close Combat Test Directorate 근접전투시험처 |
| CRTC | Cold Regions Test Center 냉대지역시험처 |
| CSED | Combat Support Evaluation Directorate 전투지원평가처 |
| CT | Customer Test 고객시험 |
| CTF | Combined Test Force 통합 시험단 |
| DoD | Department of Defense 국방성 |
| DPG | Dugway Proving Ground Dugway 실험장 |
| DT | Developmental Test 기술시험 |
| DTC | Developmental Test Command 개발(기술)시험사령부 |
| DTRA | Defense Threat Reduction Agency 방어위협감소국 |
| EAC | Evaluation Analysis Center 평가분석센터 |
| ECSTD | Engineer and Combat Support Test Directorate 공병 및 전투지원시험처 |
| EMC | Electromagnetic Compatibility 전자기 호환성 |
| EMI | Electromagnetic Interference 전자기 간섭 |
| EPG | Electronic Proving Ground 전자실험장 |
| EW | Electronic Warfare 전자전 |
| FCS | Future Combat Systems 미래전투체계 |
| FSED | Fire Support Evaluation Directorate 화력지원평가처 |
| FSTD | Fire Support Test Directorate 화력지원시험처 |
| GPS | Global Positioning System 지구적 위치체계 |
| GMD | Ground-Based Midcourse Defense 지상 중궤도 방어 |
| GMDTD | Ground-Based Midcourse Defense Test Directorate 지상 중궤도 방어 시험처 |
| IA | Information Assurance 정보보장 |

ILS       Integrated Logistic Systems 종합군수지원

IED       Intelligence Evaluation Directorate 정보평가처

IEWTD     Intelligence and Electronic Warfare Test Directorate
          정보 및 전자전 시험처

IDO       Initial Defense Operations 초기 방어작전

IOT       Initial Operational Test 초도운용시험

ITED      Information Technology Evaluation Directorate
          첩보기술평가처

LNO       Liaison Officer 연락장교

LUT       Limited User Test 제한된 사용자 시험

MDA       Missile Defense Agency 미사일 방어국

MDTS      Multimedia Transfer System 다중매체 전송체계

MOPP      Mission – Oriented Protection Posture 임무형 보호태세

MOUT      Military Operations in Urban Terrain 도시지역 군사작전

MRTFB     Major Range & Test Facility Bases
          국방성 주 시험장 및 시험시설기지

NTC       National Training Center 국립훈련센터

OEC       Operational Evaluation Command 운용평가사령부

OFTED     Objective Force Transformation Evaluation Directorate
          목표군 변혁 평가처

OFTD      Objective Force Test Directorate 목표군 시험처

OPTEC     Operational Test and Evaluation Command
          운용시험평가사령부

OT        Operational Test 운용시험

OTC       Operational Test Center 운용시험센터

OTC       Operational Test Command 운용시험사령부

PLS       Position Location System 위치지역체계

R&M       Reliability and Maintainability 신뢰성 및 정비성

RTTC      Redstone Technical Test Center Redstone 기술시험센터

SED      Survivability Evaluation Directorate 생존성 평가처

SEIT      Synthetic Environment Integrated Test-Bed
합성환경 종합시험대

SER      System Evaluation Report 체계평가보고서

SOF      Special Operations Forces 특수작전부대

TECO      Test and Evaluation Coordination Office 시험평가협조사무소

TECOM      Test and Evaluation Command 시험평가사령부

TEMO      Test and Evaluation Management Office 시험평가관리사무소

TEXCOM      Test and Experimentation Command 시험 및 실험 사령부

T&E WIPTs   Test & Evaluation Working Integrated Product Teams
시험평가업무 종합 생산 팀

TRTC      Tropic Regions Test Center 열대지역시험센터

TTD      Transformation Technology Directorate 변혁기술처

UA      Units of Action 행동부대(역자주: 여단급 이하 전술부대)

UAV      Unmanned Aerial Vehicle 무인항공기

UE      Units of Employment
고용부대(역자주: 사단급 이상 작전술부대)

UXO      Unexploded Ordnance 불발탄

VISIOL      Versatile Information System Integrated On-Line
만능 통합온라인 정보체계

WSMR      White Sands Missile Range White Sands
미사일발사장(실험장)

YPG      Yuma Proving Ground Yuma 실험장

# 부 록

## 1. 전력화지원요소 통합관리

### □ 통합관리개념

- 개발 무기체계의 신기술 적용 추세 고려 ILS요소 개발 통합
- 기존 무기체계의 호환 가능하도록 전력화지원요소 통합성능 개량
- 시험장비 등은 특히 유사개발 무기체계 간 통합개발에 초점(성능 개량 시 포함)

### □ 정비지원체계

| 중 기 | 장 기 |
| --- | --- |
| 정비지원개념 발전/개선 | • 야전정비부대 구조개선/정비능력 향상<br>• 정보화·과학화 정비지원체제 구축 |

---

* 전력화지원요소 통합관리체계 내용은 본 작성자가 근무하는 전투발전단 전력화지원관리과에서 업무추진간 2006년에 과원들의 무기체계 소요제안을 연구수행시 문제점을 해결하고자 토의를 통하여 작성된 내용임.

| | |
|---|---|
| 지원<br>체계<br>발전 | • 기능화(보급, 정비기능 보강)→통합(용병술체계 부합) 군수지원<br>• 야전군(군지사) 중심→군수(군지여단) 중심 군수지원<br>• 각 군 정비(고정화 자산체계)체계→국방군수통합정보체계 구축(웹기반 이동 통합정보)<br>　- 제대별 정비 수리부속 보급 통합시스템 개발<br>　- 정비 및 수리부속 자산 통합, 중앙통제, 성과분석 시스템 개발<br>• 수리부속 관리체계 개선<br>　- 보급과 수송이 연계된 수리부속 보급지원체계 구축<br>　- 바코드 시스템 운영 및 RFID(무선자동식별) 체계 도입 |
| 정비<br>부대<br>구조/<br>편성<br>조정 | • 사단 정비대대 중대별 분산 정비인력(궤도, 화포, 병참) 통합편성<br>• 군지사 일반지원 정비기능 보강(일반지원대대, 기동, 일반장비 추가) 및 통신, 특수무기 수리부속 보급 기능 통합<br>• 기술인력 간부 위주 개선<br>• 정비부대 기동성 발전<br>　- 정비용 삵 차량 개선/개발(근접지원체계 구축)<br>　- 정비공장 개선(총포/일반장비 공장→트레라), 통신장비 공장→정비삵 |

| 정비<br>지원<br>체계<br>구축 | • 전자식 기술교범 확대(IETM)<br>   – '00년 이전: 종이식+전자식 기술교범 예산 편성<br>   – '00년 이후: 전자식 기술교범 예산만 편성<br>• 원격정비 시스템 개발<br>   – 정부의 정보화 서비스 개발(IMT-2000)과 국방화<br>    상 시스템 도입 |
|---|---|
| 정비<br>계단<br>조정 | • 1단계: 무기체계 특성을 고려 2~4단계 체계로 조정<br>   – 궤도장비(4계단), 견인화포/일반차량(3계단), UAV,<br>    MLRS (2~3계단), 마일즈(2계단)<br>• 2단계: 2~3단계 정비체계로 전환 ('00년 이후, 현 운<br>   용장비 도태 고려) |

소요제안 통합관리

• 웹 기반 국방 군수통합정보체계에서 운용 가능한 장비정비정보체계 개발 소요 반영

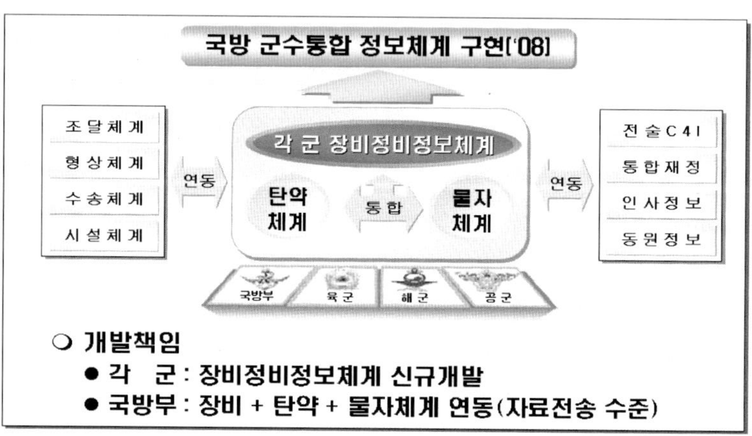


※ **개발범위: 2종(정비용 공구), 7종(장비), 9종(수리부속), 정비 분야**
　- '00년 이후 개발되는 차기전차, 자주대공포, 소형 전술차량 등
　　다수 해당

• **2020 군 구조 개선과 연계하여 정비부대 조직 개편 소요 반영**
　- 정비부대 편성 기준

| 전투부대 | 지작사 | 후작사 | 군 단 | | 사 단 | | | 여 단 | | | | 기타부대 |
|---|---|---|---|---|---|---|---|---|---|---|---|---|
| | | | 지역 | 기동 | 상비 | 기계화 | 향토 | GOP | 기갑/기보 | 포병 | 공병 | |
| | | | | | | | | | | | | |

## 소요제안 통합관리

– 창설 및 개편부대 구조개선 소요 반영

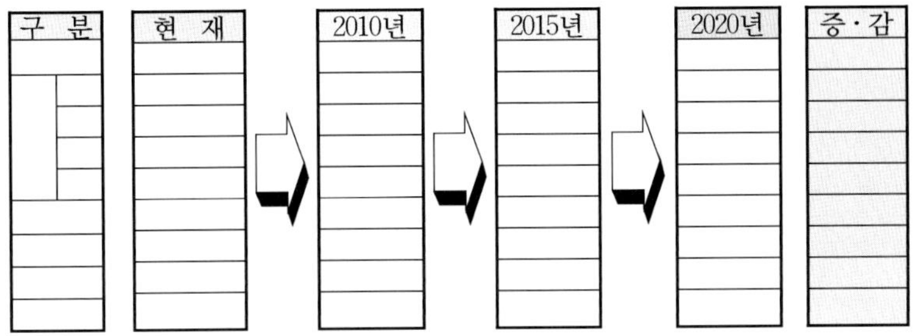


· 전투부대 해체/개편에 따른 정비부대 해체/개편

· 여단 정비부대: GOP경비(4), 기갑/기보(12), 포병

※ 비호복합, K1A1전차, 차기전차, 차륜형 경장갑차, 차기전술교량 등 성능개량 및 신규 전력화 장비

• 신형 무기체계 전력화 시 정비반을 편성하여 편제 반영, 소요 반영

 – 주요 전투장비는 전·평시 1 : 1 전담정비반 운영

 * 전차, 기보: 중대당 1개 반 포병, 공병: 대대당 1개 반

 – 기타 장비는 연대당 1개 반(사단), 지역지원(군단): 정비중대별 전 기능 편성 다기능 통합정비 지원

※ **성능개량 및 신규 전력화 장비: K77장갑차, 차기전차, 한국형 기동 헬기 등 다수**

• 정비계단 조정(5계단→3계단)에 따른 후속조치

 – 정비방침 및 절차 변경 확인(육본 군참부), 개발방침 반영

 · '00년 이후 개발될 차기전차, 무인지상차량, 차기전술차량 등 8개 장비

 – 체계개발 중인 장비 SMR 코드 변경 부여(국과연 등 관련기관에 요구)

 * 차륜형 경장갑차, 한국형 기동헬기 등

 – 정비계단 조정에 따른 시험/지원장비 기술교범 등 소요조정 반영

 * '00년 이후 개발될 영상정보(UAV, 지상감시), 소형전술차량, 탑재형 SAM 등

## ▲ C4I와 연동

| 1차 사업/성능개선 | 2차 성능개선 |
|---|---|
| • 핵심기능 체계 구축 (군단~연대)<br>• 분석형 업무개발, 자동화 수준 향상<br> – KJCCS연동, 전산쉘터 이중화 등 | • 선진형 체계 구축<br> – 대대급 이하 체계개발, 전장가<br>   시화 능력 확대 |

**C4I 연동**

• 주요 특징

 – 최신 정보기술 적용, 국내 자체개발
   (컴포넌트기반, Web방식 등)

 – 군단급 이하 감시/타격체계를 전술적 N/W로 연결

 – 피 · 아부대위치 전투상황을 상황도에 자동도시

 – 상하제대 · 기능실 간 실시간대 주요상황 자동전파

• 군단단위 전력화 추진

| 구 분 | ○○년 | ○○년 | ○○년 | ○○년 |
|---|---|---|---|---|
| 부 대 | | | | |

• 체계연동

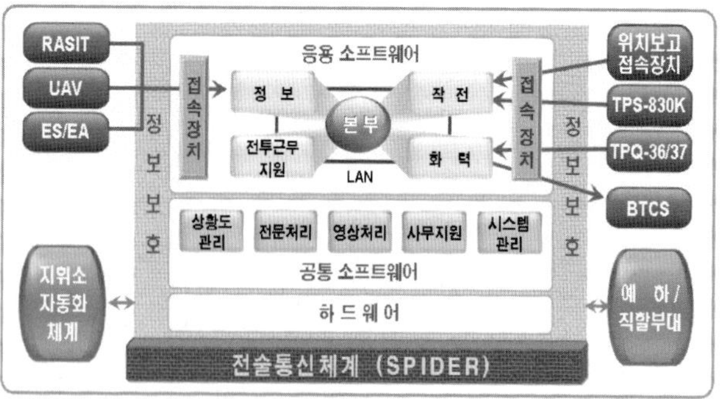


※ UAV, RASIT, TPQ-36/37, BTCS 등 8개 체계와 연동

소요제안 통합관리

- **디지털 지도 무기체계 탑재 소요 반영**
  - 운용 중인 장비: UAV(도입/국내개발), 저고도탐지레이더, 다중 채널 VHF장비 등
  - 전력화 예정 장비: 차기 IFV, 차기전차, 신호정보, 차기대공포, K1A1전차 등 동일한 디지털 지도 탑재
  - * **다지털 전장관리를 위한 컴퓨터/전자제어 장비 성능 용량 통일**
- **C4I전력화에 따른 타 무기체계 연동**
  - 차기 IFV, 차기전차, 차륜형 경장갑차, 한국형 기동헬기 등
  - * **연동소요 및 통신망 체계 확인 반영**
    **(N/W와 인공위성 병행 추진방향 검토)**

## ▲ 정비장비, 공구

| 중 기 | 장 기 |
|---|---|
| • 정비장비 편제 및 공구 인가 검토<br>• 정비장비/공구 목록화 및 형상관리 추진 | • 정비부대 기본 정비장비 국방부 중기계획 반영 조기확보<br>• 공구지원체계 재구축 |

<table>
<tr><td rowspan="7">정비<br>장비</td><td colspan="4">• 전력화 장비에 대한 정비장비 개발 및 획득체계 개선<br>　　– 사업 착수 전: 필요성/현용장비와의 호환성 등을 검토, 중복개발을 억제하기 위해 필요시 비용분석 실시, LOA/체계개발계획서에 반영<br>　　– 체계개발간: 적정소요판단, 호환성 있는 장비를 성능개량하여 불필요한 예산낭비 억제하기 위해 ILS-MP반영<br>　　– 전력화 장비 획득 시 ILS-MT를 통하여 호환성 고려 개발<br>※ 차기IFV/차기전차용 시험장비 개발 사례</td></tr>
<tr><td>구 분</td><td>차기IFV</td><td>차기전차</td><td>토의 결과</td></tr>
<tr><td>2계단<br>(부대정비)</td><td>휴대용<br>정비장비<br>(PMA)개발</td><td>K1A1용 견고화<br>노트북활용</td><td rowspan="2">개발방안:<br>기협의</td></tr>
<tr><td>3계단<br>(직접지원)</td><td>전기전자<br>종합시험장비</td><td>차보2계단<br>PMA활용 개발</td></tr>
<tr><td rowspan="2">4계단<br>(일반지원)</td><td rowspan="2">사통장치<br>종합시험장비</td><td>전기전자<br>종합시험장비</td><td>차기IFV와<br>차기전차<br>통합요구 중</td></tr>
<tr><td>사통장치<br>종합시험장비</td><td>차기IFV와<br>차기전차<br>통합요구 중</td></tr>
</table>

<table>
<tr>
<td>

정비<br>장비

</td>
<td>

- **장비별 상호 호환성 있게 사용할 수 있는 범용장비로 개발**
  - 민간 정비업체에서 활용중인 엔진 진단기(예)
    ① 고장진단 및 데이터 점검 : 엔진, 자동변속기, 에어백, 현가장비, 제동장치, 구동력제어장치, 에어컨시스템 등
    ② 데이터 저장 및 분석
- **자체고장진단(BIT) 및 전자식 기술교범(IETM)을 내장한 호환성 있는 범용장비로 개발**
- **부대 정비용**
  - 전기, 전자, 통신, 광학, 열상, 레이더장비 등 전원계통 구성품 고장여부를 판단할 수 있는 휴대용 보조장비(PMA)를 범용 장비로 개발 활용
  - 전자식 기술교범(IETM)을 장비 내부에 내장하여 활용 가능토록 개발
  - 기타 부대정비용 시험장비는 주장비 내에 자체 고장진단(BIT)기능을 내장하여 시험장비 개발소요를 최소화
- **야전 정비용**
  - 근접지원 정비와 구성품별 검사기능을 보유한 휴대용(PMA)으로 개발
  - 야전정비업무 수행시 기술교범으로 활용 가능토록 전자식 기술교범을 운용장치 내부에 타 무기체계와 호환성 있는 범용장비로 개발

</td>
</tr>
</table>

<table>
<tr>
<td rowspan="3">공구</td>
<td>

- **전력화 장비에 대한 공구개발 및 획득체계 확립**
  - ILS - P 작성 시 표준화 및 호환성 검토 강화로 중복개발 억제
  - 다년차 전력화 장비의 공구 예상 활용빈도를 판단하여 부대별 차등보급
- **공구셋 구성체계 개선**
  - 공구에 대한 목록화 자료 구축 사용자 청구 용이성 제고

</td>
</tr>
</table>

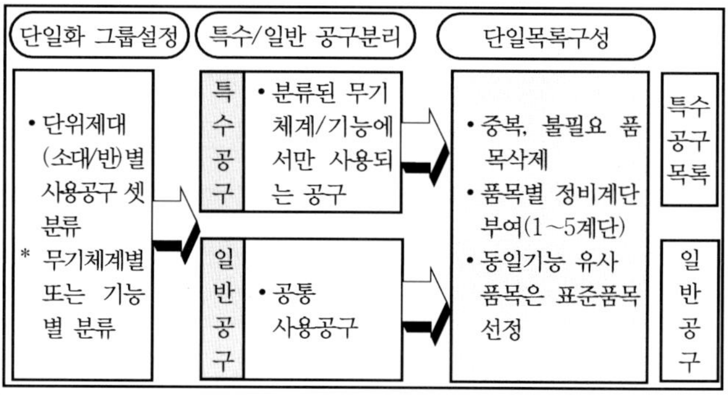

  - 정비부대 공구운용 실상 고려, 정비지원단위 제대별 단일화 구성
  - 무기체계별 **특수공구**와 **일반공구**로 구분하여 다종의 공구셋 통합

- **전력화 장비 획득 시 호환성 고려 유사체계 통합개발 소요 반영**
  - 차기전차('11) 적용 사례: **K-1전차용 6종을 1종으로 개발**

| K-1전차용(6종) | 차기 전차용(1종) |
|---|---|
| • 전자계통 시험셋<br>• 브러쉬 길들이기<br>• PR-57시험장비<br>• 3S 변속기용키트<br>• PD 변속기용키트<br>• 조향장치 시험셋 | • 전자계통 시험셋만 PMA로 개발<br>• 브러쉬 길들이기는 No 브러쉬 사양 선택으로 불필요<br>• 나머지 시험장비는 주 장비에 BIT 기능으로 내장 |

- **무기체계별 정격출력 고려 범용장비 개발 소요 반영**
  - **무기체계별 정격출력(엔진 시험기) 현황**

| 구 분 | K-1 | K1A1 | K-9 | 비 호 | 천 마 | 차기전차 | 차기IFV |
|---|---|---|---|---|---|---|---|
| 출력(마력) | 1,200 | 1,200 | 1,000 | 520 | 520 | 1,500 | 750 |
| 압력(psi) | 650 ~ 1,650 | 800 ~ 2,300 | 2,600 ~ 6,300 | 전기식 | 전기식 | 전기식 | 전기식 |

| LOW급 | HIGH급 |
|---|---|
| 비호, 천마, 차기IFV | K1, K9, 차기전차 |

※ **정격출력을 범주형으로 개발 시 범용으로 활용가능**

- **정비부대 공구운용 실상 고려, 정비지원단위 제대별 단일화 구성 소요 반영**
  - 궤도차량 공구셋 통합구성: 15종 ⇒ 5종

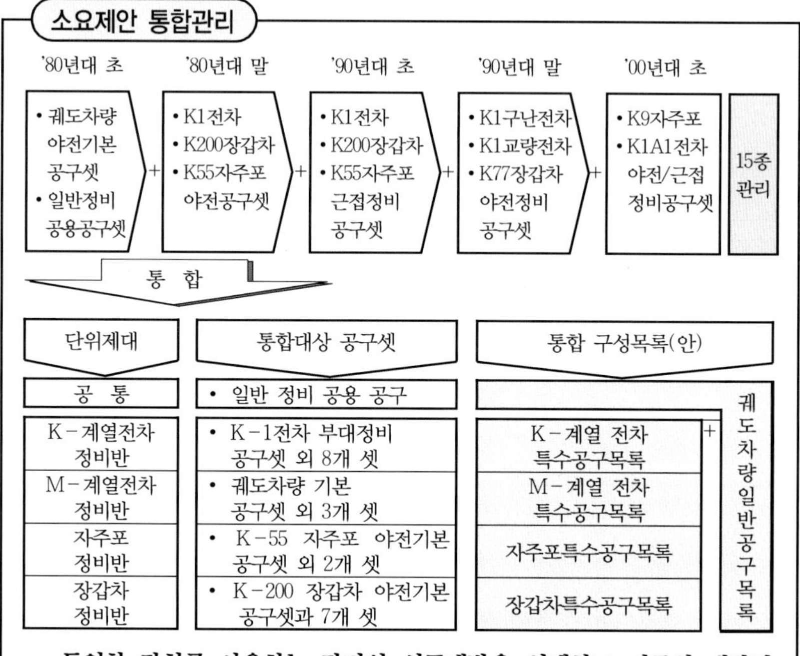


- **동일한 장치를 사용하는 장비의 신규개발을 억제하고 기존의 개발된 것을 사용토록 소요 반영**

  - 동일 차체 사용

  ① 소형 전술차량과 탑재형 SAM

  ② 차륜장갑차와 차기대공포

  ③ K-55탄약운반장갑차와 K-55자주포

  - 동일 시스템 사용

  ① 전장관리시스템

   · 신규개발장비: 차기전차, 차기IFV

   · 성능개량장비: K1전차, K1A1전차, K200장갑차, K277지휘용장갑차

  ② 디지털 지도: 차기전차, TICN 등 37개 장비

- **휴대용 정비장비 개발 시 S/W를 표준화하여 개발함으로써 해당 장비의 정비용 S/W만 탑재 시 활용 가능토록 소요 반영**

  예) IETM 표준 S/W: KAIS

## ▲ 교범/기술자료 관리

| 중 기 | 장 기 |
|---|---|
| • 기술교범 발간/보급업무 일원화 구축<br>• 운영 중인 무기체계에 대한 IETM 개발/유지를 위한 예산 반영<br>• IETM 전산활용체계(On-Line) 구축 및 야전현실에 맞는 PC보급 확대 | • 정보공유체계와 연계한 고장진단 등 원격지원체제 구축<br>• 휴대용 정비장비 활용을 위한 프로그램 제작 및 표준화 구축<br>• 장비별/구성품별 고장진단용 프로그램 개발<br>⇒ **책자형 교범발생 최소화** |

**교범 기술 자료 관리**

- 전자식 기술교범 확대(IETM)
  - '00년 이전: 종이식+전자식 기술교범 예산 편성
  - '00년 이후: 전자식 기술교범 예산만 편성
- 전자식 기술교범(IETM) 활용여건 보장 및 조기정착
  - 전력화 무기체계의 기술교범에 대한 시험평가 기능 강화
  * 무기체계별 ILS-MT시 실제 정비실시로 교범 내용 검증
  - 책자형 교범을 IETM으로 변경, 목록 전산화로 정보공유체계 구축
  - 정비반 단위 IETM과 장비별 S/W를 탑재 운용할 노트북 보급
  - 장비개발 및 정비기술 개발 시 표준 시험장비(노트북)에 의한 고장진단 및 IETM활용이 가능토록 프로그램 개발, 표준화
- 휴대용 정비장비 개발
  - 신규 전력화 장비 중 첨단·복합 무기체계를 우선적으로 개발
  - IETM체계와 연계 자체정비 및 전 장비에 적용가능한 표준 S/W개발
- 원격정비 시스템 개발
  - 정부의 정보화 서비스 개발(IMT-2000)과 국방화상 시스템 도입
- 정비체계 변경으로 기술교범 재발간/수정소요
  - 1단계: 무기체계 특성을 고려 2~4단계 체계로 조정
  - 2단계: 2~3단계 정비체계로 전환 ('00년 이후, 현 운용장비 도태 고려)

┌─ **소요제안 통합관리** ─┐

- **'OO년 이후 전자식 기술교범(IETM)활용 무기체계 소요 반영**
  - 지휘통신체계(C4I), 차기군단 UAV, 차기 전차, 차기 IFV 등 다수
  
  * 수리부속자료, 정비용 공구, 정비요령 및 계단에 의한 정비방법결정 등 원격정비지원
- 신규개발 무기체계별 기술교범은 IETM만 발간, 유사무기체계인 경우 공용장비와 신규장비로 구분 활용→예산 절약
  - K-1전차, K1A1전차: 주포의 성능만 차이, 포탑장치만 별도로 발간
  - 군단UAV, 영상정보UAV, K-55탄운차, K-9탄운차 무인지상차량 등
- **정비체계 조정에 따른 기술교범 재발간 소요 반영**
  - 'OO년 이전 기술교범 발간 시는 장비별 조정된 체계로 작성
  
  * 궤도장비(4계단), 견인화포/일반차량(3계단), UAV/MLRS(2~3계단), 마일즈(2계단)
  - 'OO년 이후 기술교범 발간 시는 3단계로 적용된 IETM 작성/발간

## ▲ 군수인력 운용(부대구조 연계)

| 중 기 | 장 기 |
|---|---|
| • 군수기능별 전문성 제고 | • 정비부대 간부/군무원 위주 편성<br>• 우수 기술인력 확보/활용대책 |

**군수<br>인력<br>운용**

• 정비반별 간부 필수소요 직위판단: 지속
  - 1개 정비반: 간부 1명→간부 2~3명 편성
• 직책별 편성기준 조정
  - 정비소대장(준위, 원사), 정비반장(상·원사), 정비관(중·하사)
  * 정비구심점 역할: 부사관 위주 편성
• 정비반별 간부 필수소요 직위판단: 지속
  - 1개 정비반: 간부 1명→간부 2~3명 편성
• 직책별 편성기준 조정
  - 정비소대장(준위, 원사), 정비반장(상·원사), 정비관(중·하사)
  * 정비구심점 역할: 부사관 위주 편성
• 부대구조 개선과 연계하여 단계별로 간부 확대

| 구 분 | 현 재 | 1단계<br>(야전정비능력확충결과) | 2단계<br>(2020 군구조 개선 기준) |
|---|---|---|---|
| 간부비율 | 27% | 46% | 60% 이상 |
| 추진 시기 | | '00~'00 | '00~'00 |

• 고가 무기체계 및 정밀복합장비의 경우 간부 위주의 정비팀 구성
  - 30억 이상 고가의 장비
  - 전자/광학장비를 사용한 고가의 정밀장비
• 무기체계 변화 및 정비환경에 따른 주특기 직군 및 기능조정
• 학교교육 체계를 무기체계+장치별 교육을 병합시행
  - 무기체계에 의한 장비별 교육: 특수무기, 통신장비
  - 장치별 교육장비: 궤도차량, 전투공병장비

┌─ **소요제안 통합관리** ─┐

- 부대구조 개선과 연계 단계별 간부 확대(43~71%) 반영
  - '00~'00년 개발 장비 : BTCS, K-10탄운차, UH-47 등 성능 개량 장비
  - '00~'00년 개발 장비: 차륜형 경장갑차, 무인지상차량 등 신규 장비
  * 상비사단(43%), 기계화사단(48%), 향토사단(51%), 군지여단(71%) 등 반영
- 무기체계 변화 및 정비환경에 따른 주특기 직군 및 기능조정
  - 전투긴요장비: 궤도형 전투장비, 대공포, 유도무기, 로켓무기, 정찰차 등
  * 궤도차량 사격기재 정비전문 주특기 신설(K, M전차, K-9자주포)
   ·'11년 개발 장비: 차기전차, 무인지상차량, 차기 대공포 등
- 신규 전력화 장비에 대한 교육지원요소 추가 반영
  - K-10탄운차, 기관총 주야 조준경, 무인화체계, 신궁 등
- 정비병의 경우 장비의 성격에 따른 주특기 분류
  - 단순기계원리 장비→무기체계별 정비주특기 부여
  - 첨단 복합 다기능 원리 장비→유사기능 주특기 직군통합(무인체계, UAV, 대공포 등)

## ▲ 정비 및 보급시설

| 중 기 | 장 기 |
|---|---|
| • 모듈러공법 확대적용: 군 구조 개편<br>• 정비시설 표준화에 의한 현대화 추진 | • 5톤 확장식 벤형 및 궤도장비 Shop 개발보급<br>• 이동식 저장시설에 의한 수리부속 창고 기동화 추진 |

**정비 시설 발전**

• **제대별 고정식 정비 시설 통합 및 최소화**
  - 군지사 직접지원 정비대대/사단 정비대대는 통합정비고로 표준화
  - 군지사 일반지원 정비대대: 자주포, 사격기재, 전차 정비고로 입고기능을 통합, 기타 정비소요는 별도의 건물 확보
• **정비지원 요소별 기동화 추진방향**

| 구 분 | 정비용 SHOP 성능개량/개발 | 수리부속 창고 기 동 화 | 고 정 시 설 최 소 화 |
|---|---|---|---|
| 기동화 수단 | • 5/4톤 및 2½톤 → 5톤 정비삵 상용밴<br>• 정비용 장갑차 → 다목적 전술차량 (BV206) | • 수리부속 밴 차량<br>• 12톤/60톤 트레라<br>• 적재/인양 장비보강 | • 시설통합, 조립식 시설에 의한 표준화<br>• 이동식 정비시설 (밴트레라, 5톤 정비삵) |
| 개 선 | ○○○대→ ○○○○대 | ○○○대→ ○○○대 | ○○○동→○○동 |

※ 기동성 확보로 전투부대 후속 정비지원 보장

<table>
<tr>
<td>보급<br>시설<br>발전</td>
<td>

- 창고 시설 개선
  - 저장물자의 특성과 운반/운영을 고려 대형화·통합화
  - 방사능·보온·냉장·인화물질 등 특수물자 저장창고 확보
  - 사무실과 편의시설 구비 및 자동출입문 설비
  - 물자 취급장비 운용(지게차, 켄베어시스템 등)
  - 모듈라 공법을 적용하여 현대화 및 자동화시스템 구축
- 탄약고 시설 개선
  - 탄약저장시설 규격 표준화(7평형~63평형)
  - 컨테이너 및 전투형 야적장 설치(ASP당 2~3개소)
  - 자동화 및 특수목적용 정비공장, 표준검사장 설비
  - 경계·감시시설과 통합된 탄약고 신축
- 유류 시설 개선
  - 유류시설 지하화 및 부수시설 패키지화 설비
  - 자동화된 유류통제시스템 설비
  - 적산계, 자동유량측정기, 정전기방지기, 안전장치 설비
- 무기고 시설 개선
  - 조립식 및 컨테이너형 무기고 확보
  - 무기고 규격 표준화(4.5평형~21평형)
  - 공용화기 저장공간 확보(기관총, 박격포 등)
  - 경계·감시시설과 통합된 무기고 신축
- 수송 시설 개선
  - 자동주유기, 오·폐수처리시설 등 패키지 반영
  - 차양대, 차량정비고 현대화 및 첨단 정비기기 설비
  - 전차·자주포·RBS 등 고가장비 차양대 확보
  - 군용철도 보수, 대형유조차 진·출입로, 소방차고 확보

</td>
</tr>
</table>

## 소요제안 통합관리

- 군사시설 종합발전계획에 의해 병영 및 군수시설을 통합한 현대화된 군사기지 건설
- 무기체계 전력화 시 정비 및 보급시설 소요를 무기체계 패키지 시설사업에 포함하여 소요 반영
- 물류시스템에 의한 대량수송의 증가로 저장시설의 대형화 및 통합화
- 무기체계 패키지화에 의한 신규시설 확보 시 자동화시스템에 의한 현대화된 군수시설로 개선
- 군 구조개편 가속화와 군사시설 재배치에 대비 이동성이 보장되고 재활용률이 높은 모듈러공법 적용 정비시설 확보
- 제대별 고정식 정비 시설 통합 및 최소화
  - **군지사 직접지원정비대대/사단 정비대대**

| 구 분 | 통합정비고 | 밴트레라 | 5톤 정비Shop |
|---|---|---|---|
| 기 능 | 차량, 건설중기, 화포 자주포, 사격기재, 전차 | 총포, 일반장비, 근무 | 통 신 |
| 적용 전력 | · K-55탄운차<br>· 차기 IFV<br>· 차기전차<br>· 차륜형 경장갑차<br>· 소형전술차량<br>· 차기전술교량<br>· 공병전차 | · 원격통제지뢰<br>· 차기 대공포<br>· 탑재형 SAM<br>· K-9조종시뮬레이터<br>· 비호복합<br>· 항공전력 | · 영상정보 전력<br>  (UAV, 지상장비)<br>· 신호정보 전력<br>  (전자전 장비)<br>· 정보생산/유통체계 |

  - **군지사 일반지원정비대대**

| 구 분 | 통합정비고 | 기타 건물 확보 | 밴트레라 |
|---|---|---|---|
| 기 능 | 자주포, 사격기재, 전차 | 차량, 건설중기, 화포, 총포, 일반장비, 근무통신, 특수무기 | 기계공작 |
| 적용 전력 | · K-55탄운차<br>· 차기 IFV<br>· 차기전차<br>· 차륜형 경장갑차<br>· 소형전술차량<br>· 차기전술교량<br>· 공병전차 | · 비호복합<br>· 항공전력<br>· 영상정보 전력<br>  (UAV, 지상장비)<br>· 신호정보 전력<br>  (전자전장비)<br>· 정보생산/유통체계 | · 원격통제지뢰<br>· 차기 대공포<br>· 탑재형 SAM<br>· K-9조종시뮬레이터<br>· 비호복합<br>· 항공전력 |

- 수리부속 창고 기동화 추진 소요 반영
  - 일반지원대대는 필수 수송수단을 편제반영, 주요 품목에 대해 기동화
  - 직접지원/사단정비대대는 코넥스, 벤트레라, 수리부속벤 등으로 기동화 발전

## ▲ 교육훈련 지원

| 중 기 | 장 기 |
|---|---|
| • 준·부사관 교육과정 표준화·전문화<br>• 특기병 학교교육 확대<br>• 교육장비 및 시설 개선 | • 원격교육 시스템 구축<br>• 국내외 교육과 연계된 교육체계 발전 |

| | |
|---|---|
| 교육<br>훈련<br>지원 | • 준·부사관 교육과정 표준화·전문화<br>　- 특기별 교육과정을 표준화 시행(준사관) : 병기, 병참, 수송<br>• 군수직위 군무원 전문기술 교육과정 확대<br>　- 신규 채용자 선교육 후보직 체계 정착<br>　- 임무수행을 고려한 맞춤식 교육체계 발전<br>• 특기병 학교교육체계 개선<br>　- 무기체계 및 교리발전 등의 추세에 맞춰 실시하고, 전력화 장비배치와 연계된 교육계획 수립<br>• 교육용 장비 및 시설 개선<br>　- 장비전력화 시 교육용 장비 획득계획 반영<br>　* 신규 전력화 장비 획득 사업 시 종합군수지원계획에 교육용 장비획득 명문화 소량 야전배치장비의 교육은 야전실무교육, 획득이 제한되는 고가장비는 구성품 및 시뮬레이터 획득<br>　- 훈련장 및 실습장 확보<br>• 원격교육 시스템 구축<br>• 국내외 교육과 연계된 교육체계 발전<br>　- 국내외 연수교육 과정 확대<br>　- 정부·민간·방산업체 위탁교육체계 정착<br>　- 학·군 제휴대학에 군 소요 전공학과 신설 및 기술자격증 사회인증 확대 |

소요제안 통합관리

- **신규장비 교육소요 판단 및 반영**
  - 교육과정신설, 교육주기조정, 교과목 변경/주기 미조정과정 등
  * '00년 이후 전력화 장비: 차기전차, 차기 IFV, 대공포, 탑재형 SAM 등
- **학교교육과 야전 OJT 연계성 강화→신규 개발장비**
  - 학교교육(14개, 궤도차량수리, 궤도사통장비수리, 대공포수리 외 11개 직군)
  - 학교+야전OJT(2개, 로켓무기(현무, MLRS), 유도무기(천마))
  - 야전OJT(7개, 총기수리, 유선수리, 경차량수리 외 4개 직군)
  * 교육체계 개선: 무기체계(특수무기, 통신장비)+장치별 교육시행 (궤도차량, 전투공병장비)
- **교육용 장비 및 시설소요 반영**
  - 장비전력화 시 교육용 장비 획득계획 반영 (차기IFV, 차기전차, 공병전차 등)
  - 훈련장 및 실습장 확보: 통합훈련장 소요확인 반영 (무기체계별 판단)
- **원격교육 시스템 구축**
  - 신규 전력화 장비 전자식 통합 교보재 개발 야전 및 학교기관 활용토록 소요 반영
  - 기반체계 고려 편성부대급에서 활용토록 소요 반영

## ▲ 보급지원

| 중　기 | 장　기 |
|---|---|
| • 현장위주 보급지원 개념 발전<br>• 상용화 추진 및 물류체계 개선 | • 통합 보급지원체제 구축<br>　- 보급창의 전군통합 물류기지화<br>　　운영<br>　- 창고 자동화 운영체계 정착 |

**보급<br>지원**

- **현장 위주 보급지원 개념발전**
  - 전투긴요물자: 보급창이나 업체에서 전투부대에 직송
  - 비긴요물자: 창에서 군지여단을 경유하여 전투부대에 보급
- **상용화 추진 및 물류체계 개선**
  - 상용품 사용을 확대하여 수의계약 중심에서 경쟁입찰 계약 추진
- **통합 보급지원체계 구축**
  ① **보급지원의 효율성 제고를 위한 기반체계 조기구축**
    ◦ **자산 가시화/실시간 처리가 가능한 통합시스템 개발**
      - 제대 간, 기능 간 유관업무 연계처리로 수작업 감소
      - 데이터 통합 공유체계로 다양한 자료 선택적 사용 가능
      - 모둠처리(Batch)체계→실시간 처리(Real Time)체계
    ◦ 보급과 정비의 연동체계 구축으로 적기 정비지원
    ◦ 수평보급으로 최기 지원부대에서 보급으로 소요시간 단축
    ◦ **바코드, RFID 등의 첨단기술을 이용한 자산 가시화 향상**
  ② **보급·수송 통합운영체계 구축으로 적기지원 보장**
    ◦ 수송자산 통합운용/축선별 정기노선 구축
    ◦ 택배제도 활성화를 통한 수송기간 단축
- **수명주기를 고려한 수요예측기법 개발**
  * 장비정비정보체계 구축을 고려 단계별 적용→통합시스템에 의한 예측

## 소요제안 통합관리

- **웹 기반 국방 군수통합정보체계에서 운용가능한 보급체계 개발 소요 반영**
  - '○○년 이후 개발되는 차기전차, 자주대공포, 소형 전술차량 등
  * 구성품/결합체 전 품목
- **ILS요소 보급지원 RFID 시스템 및 바코드, 통합 자동화 식별기술 등을 적용**
  - 불출 및 수송 등 군수정보시스템에 통보
    (보급량, 현 보유량, 부족량 실자산 파악)
- **군지사 일반지원 대대 통신, 특수무기, 수리부속 보급기능 통합, 일원화에 따른 보급거래선/편제 반영**
  - '○○년 개발되는 차기대공포, 탑재형 SAM 방공무기, 천마 성능 개량 시 보급거래선 조정
- **통합 보급지원체계 구축에 따른 기반체계 소요 반영**
  - 장비가동과 연계한 정비 및 수리부속관리 전산 시스템 구축 (보급과 정비 상호 연동)
- **부품수명을 고려한 수요 예측기법 활용, 보급/정비소요 반영**

## 2. 미 육군의 소요결정 체계도

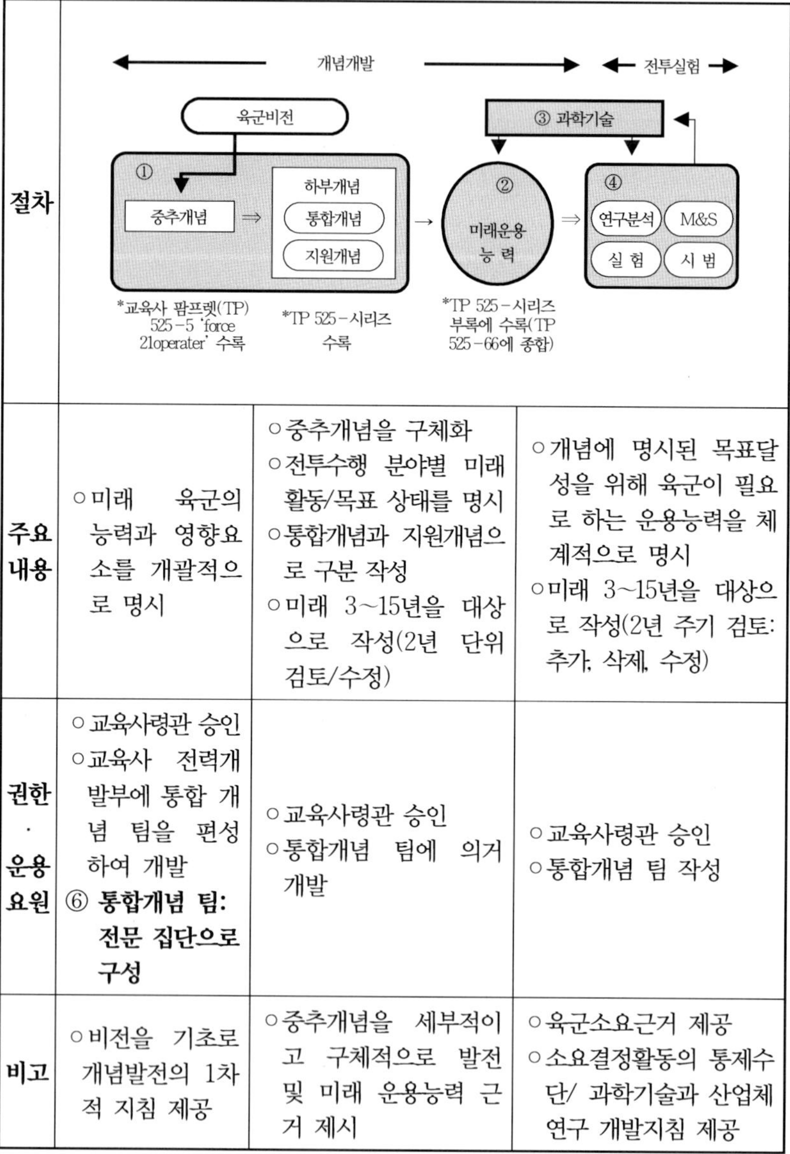


| 절차 | | | |
|---|---|---|---|
| 주요<br>내용 | ○미래   육군의<br>능력과 영향요<br>소를 개괄적으<br>로 명시 | ○중추개념을 구체화<br>○전투수행 분야별 미래<br>활동/목표 상태를 명시<br>○통합개념과 지원개념으<br>로 구분 작성<br>○미래 3~15년을 대상<br>으로 작성(2년 단위<br>검토/수정) | ○개념에 명시된 목표달<br>성을 위해 육군이 필요<br>로 하는 운용능력을 체<br>계적으로 명시<br>○미래 3~15년을 대상으<br>로 작성(2년 주기 검토:<br>추가, 삭제, 수정) |
| 권한<br>·<br>운용<br>요원 | ○교육사령관 승인<br>○교육사 전력개<br>발부에 통합 개<br>념 팀을 편성<br>하여 개발<br>⑥ **통합개념 팀:**<br>**전문 집단으로**<br>**구성** | ○교육사령관 승인<br>○통합개념 팀에 의거<br>개발 | ○교육사령관 승인<br>○통합개념 팀 작성 |
| 비고 | ○비전을 기초로<br>개념발전의 1차<br>적 지침 제공 | ○중추개념을 세부적이<br>고 구체적으로 발전<br>및 미래 운용능력 근<br>거 제시 | ○육군소요근거 제공<br>○소요결정활동의 통제수<br>단/ 과학기술과 산업체<br>연구 개발지침 제공 |

| 절차 | 전투실험 ← → | ← 소요제기 → | 획득관리 ← → |
| --- | --- | --- | --- |

전투실험 ← → ← 소요제기 → ← 획득관리 →

→ 분석·관찰 (통찰사항) ⇒ ⑤ 전투발전요소 D(교리) O(편성) T(훈련) M(무기체계) L(간부계발) P(인력) F(시설) → 소요제기 ・M: FNS ICD CDD CPD ・D.O.T.L.P.F : 해당문서 ⇒ 획득·운용

| | | | | |
| --- | --- | --- | --- | --- |
| **절차** | 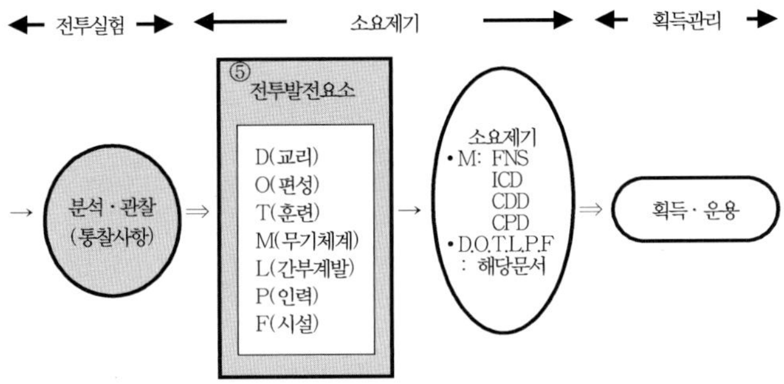 전투실험 ← → ← 소요제기 → ← 획득관리 →<br><br>→ 분석·관찰 (통찰사항) ⇒ ⑤ 전투발전요소: D(교리) O(편성) T(훈련) M(무기체계) L(간부계발) P(인력) F(시설) → 소요제기 ・M: FNS / ICD / CDD / CPD ・D.O.T.L.P.F : 해당문서 ⇒ 획득·운용 | | | |
| **주요 내용** | ○ 사안별로 다양한 전투실험에 의해 미래 요구능력의 충족성을 평가 | ○ 전투실험결과 및 과정 중에 결심이 요구되는 단계에서 적용/ 투자여부를 결정 | ○ 능력을 야전에 배치하기 위해 D-O-T-M-L-P-F 순으로 결정<br>○ 소요제기서는 분야별 고유문서 적용 | ○ 개념/기술 개발→체계 개발/시범→ 생산/배치체 계 적용 |
| **권한 · 운용 요원** | ○ 교육사령관 승인<br>○ 전력개발부 예하 전투실험 통합/기술 개념처 주관하 실험소별 팀 구성 실시<br>○ 전투실험소 집행위원회/이사회는 교육사령관 의결 기구이며 전투실험결과 처리/wrap 후보선정책임 | | ○ 교육사령관 승인<br>○ 통합개념 팀 운영<br>○ 전투발전자, 교훈/교리 개발자가 있는 육군사령부<br>○ 전투실험소가 있는 학교/제병과협동지원 사령부 | ○ 통합장비개 발 팀 운영 (IPT) |
| **비고** | ○ 소요결정 절차의 핵심<br>・ 소요제기 여부 결정 | | ○ 분야별 소요제기 | |

· 저자 ·

김영기    · 약 력 ·
         전남 담양 출생
         광주 문성고 졸업
         전남대 조경학과 졸업
         한남대 국방전략대학원 국방획득관리학 석사

         학군 30기 임관('92)
         2사단 소대장 및 중대장
         15사단 대대 작전과장
         육군대학 '05-1기 정규과정 수료
         교육사 전력부 종합군수지원처 군수지원분석장교
         전투발전단 전력화 지원관리과 군수지원분석장교

본 도서는 한국학술정보(주)와 저작자 간에 전송권 및 출판권 계약이 체결된 도서로서, 당사와의 계약에 의해 이 도서를 구매한 도서관은 대학(동일 캠퍼스) 내에서 정당한 이용권자(재적학생 및 교직원)에게 전송할 수 있는 권리를 보유하게 됩니다. 그러나 다른 지역으로의 전송과 정당한 이용권자 이외의 이용은 금지되어 있습니다.

# 전력화지원요소
## 이론과 실제


| | |
|---|---|
| · 초판 인쇄 | 2007년 10월 30일 |
| · 초판 발행 | 2007년 10월 30일 |
| · 지 은 이 | 김영기 |
| · 펴 낸 이 | 채종준 |
| · 펴 낸 곳 | 한국학술정보㈜ |
| | 경기도 파주시 교하읍 문발리 526-2 |
| | 파주출판문화정보산업단지 |
| | 전화  031) 908-3181(대표) · 팩스  031) 908-3189 |
| | 홈페이지  http://www.kstudy.com |
| | e-mail(출판사업부)  publish@kstudy.com |
| · 등 록 | 제일산-115호(2000. 6. 19) |
| · 가 격 | 27,000원 |

ISBN    978-89-534-7615-8 93350 (Paper Book)
        978-89-534-7616-5 98350 (e-Book)